お金はサルを進化させたか

良き人生のための**日常経済学**

金錢智能

讓你聰明用錢的7組關鍵概念

Money Intelligence

Mahito Noguohi

野口真人

谷文詩・譯

目錄

序言

「你花錢聰明嗎？」

巧妙地花一筆錢和賺一筆錢同樣困難。

——比爾．蓋茲

「你花錢聰明嗎？」

如果被問到這個問題，有多少人可以自信地點頭回答呢？

我們每天都在花錢。即使不使用現金，也可以刷信用卡購物、可以從存款帳戶中支付健身房的會費。人們無法避免花錢這件事。

你還記得第一次自己買東西的那一天嗎？

可能是緊緊握著零用錢，到附近雜貨店的那一天；可能是用一點一滴累積下來的壓歲錢，買了遊戲主機的那一天。正是在那一天，你真切感受到無比的快樂，只要付得了錢，就可以擁有自己喜歡的東西。

從點心、果汁、遊戲主機，到自行車、衣服、鞋子，甚至是汽車、房子，隨著我們年齡增長，購買物品的種類涉及林林總總，單次支付的金額也逐漸增加。我們不只購買自己想要的東西、必要的東西，還會為未來存錢，也會投資理財商品。

我們雖然完全習慣了花錢這件事，但面對開頭的問題，還是無法回答。

回顧過去，我們會發現，人類關於使用金錢的技術、知識的累積，以及經驗教訓的共享，遲遲沒有進展。一六三七年，荷蘭發生了鬱金香球莖的泡沫經濟事件，很多人因此破產。之後，泡沫經濟雖然改換了發生的地點和名稱，但規模和造成的破產人數一直都在增加。直至現代，泡沫經濟仍在不斷發生。

「泡沫經濟一定會破裂」，大部分破產者都深知這一點，但還是會有人堅信「自己不會有事」。人們如今也始終在重蹈覆轍。

「一定能賺錢」，這種無論怎麼看都很可疑的投資口號，總還是會有人輕信，並因此上當受騙，蒙受巨大損失。雖然證券公司的銷售人員在推銷理財商品時，禁止使用「一定能賺錢」這種宣傳話術，但世界上還是有很多人在用這句口號勸別人投資。

聽到這句口號時，你恐怕也曾反覆浮現過一個疑問：「勸別人投資的人，為什麼不自己去投資呢？」但往往這些人總是可以巧妙地回答這個問題，所以當有人推銷「一定能賺錢的投資」時，我們最終還是會上當。

可能是渴望輕鬆賺錢的想法在作祟，當我撰寫作本書時，曾經在網路上搜尋，發現書名中包含「一定賺錢」這個詞的書籍有二百二十四本，打著「必勝法」口號的書籍有五千八百二十八本。後者中大部分和柏青哥有關。有些人明知無法獲勝，卻還是拿錢去賭，這種人即使在今天也絲毫沒有減少的跡象。

那麼，是不是變成有錢人就可以和金錢融洽相處了呢？好像並非如此。即使是暫時累積下萬貫家財的知名人士，等他們回過神來，才發現自己積蓄見底，其中也不乏一些遇上詐騙最終賠上自己一生的人。我們還經常聽說，中了彩券一夜致富的人，領獎之後卻過得並不幸福。

這樣看來，我們目前還沒有能力馴服金錢，甚至可以說，人們一直受金錢的擺布。這種想法有些悲觀，但我們可以試著換一種方式思考。

在人類漫長的歷史中，使用金錢是很近期的事情，我們對於金錢的使用方法還不熟練。這樣想如何？我們從猿猴進化為人，大約經歷了二十萬年，而使用金錢的歷史還不滿三千年。

希臘神話開始於西元前十五世紀，在那個時代，對於人類來說，最強的武器是

「火」。我們都知道普羅米修斯（Prometheus）的故事。

將擁有創造天地能力的「神之火焰」，交給人類這種不成熟的個體，這在眾神中是個禁忌。但是，普羅米修斯違背了宙斯的命令，他相信人類得到火種後會變得更加幸福，於是將火種交給了人類。

得到火種的人類，雖然創造了文明，但也正如宙斯預言的，他們使用火製造武器，相互戰爭。曾是猿猴的人類，得到火種之後雖然變得更有智慧，但有時卻比猿猴還要愚蠢。

接著，一個對人類來說可以與火匹敵、既強大又危險的工具登場了。這個連發展了自然物理學和數學的古希臘人都想像不到的工具，就是本書的主題：金錢。

現存最古老的鑄幣，是西元前七世紀呂底亞（Lydia）王國鑄造的琥珀金（electrum）獅子硬幣。下面我們概略回顧一下貨幣的歷史。

最初，我們進行以物易物的交換，但物品交換很不方便，為了克服不便，我們開始使用「貝幣」（cowrie or cowry）等貝類、穀物作為代替物來交換。隨著時代推移，我們開始使用青銅、鐵、銅以及金、銀等金屬，最終出現了金屬鑄造的貨幣。金屬鑄幣始於西元前七世紀，即近三千年前。

貨幣登場至今，經歷了近三千年，作用範圍也逐漸擴展，在支付功用的基礎上，增加了價值衡量和儲蓄功能的角色。

貨幣作為價值衡量的功能是近代才開始出現的。江戶時代，石高[1]是衡量大名[2]權力與財富的尺度，但在江戶時代以前，衡量的尺度是布匹。

原本，價值的種類有很多，如稀有價值、文化價值、美學價值、存在價值……每一個都有其特色，且無法用金錢衡量。這些價值雖然沒有消失，但是現在，文化遺產、月球上的土地、二氧化碳排放權，甚至是人的生命，都有了標價，各種價值正在逐漸轉換為「貨幣價值」。

1 石高：官定米穀收穫量。在日本江戶時代表示土地單位的米穀公定收穫量，用來代表大名或武士的俸祿。
2 大名：日本古代對封建領主的稱呼。在江戶時代，大名主要是指藩主。

金錢作為儲蓄功能，也給人類帶來了一些好處。若我們未來遭受災難，金錢可以幫我們規避風險。遠古時候，人們當天捕獲的獵物只能當天消費掉。金錢出現後，人們就可以把吃不完的獵物賣給其他人，把獲得的金錢儲存起來，在飢餓的時候用來購買食物。

可以說，金錢使人們認識到未來的不確定性，在金錢出現之前，我們從未想過這點。我們從努力過好當天的生活，發展到開始思考如何使自己整個人生的幸福最大化。現代人繳納國民年金、儲蓄、購買保險，都是為了應對不確定性。

再次翻閱歷史，我們發現自十七世紀起，人們開始將不確定性當作機率論這種學問來看待。在此之前，我們認為所有事情都由神來決定，人類不用擔心不確定性和偶然性。

人們雖然想要避開不確定性，但有時也會為了能夠快速發財，明知賭博具有不確定性，仍然對其興致勃勃。人們不可避免地會面對不確定性，它是影響人生的一個重要因素，而我們意識到這一點時，也不過才花了區區四百年。

和普羅米修斯的火種一樣，金錢對於人類來說也是還沒能熟練使用的工具。讓我們回到開頭的問題。我認為，人類之所以還沒有熟悉「聰明地使用金錢的方法」，是因為還不習慣將金錢作為價值衡量和儲蓄功能的方法。

首先，我們不知道合理推斷貨幣價值的方法。其次，我們還沒有確立起應對不確定性的正確方法。可以說，這兩點就是無法聰明地使用金錢的主要原因。

針對第一點，我們建立了金融理論和金融工程學，用來推測物品、服務、商業和企業的貨幣價值。針對第二點，我們發展出機率論、統計學、行為經濟學等學科。金融理論、金融工程學、機率論、統計學、行為經濟學彼此之間關係密切。綜觀這些理論，我將前人關於「物品、商業的價值」「不確定性」「關於金錢的心理」等知識進行有系統地總結，試圖回答「如何聰明地使用金錢」這個問題。這就是本書的內容。

這些智慧並非萬能，這一點自不待言。而且，正如本書將要闡明的，和金錢相關的決策與人的心理密切相關，所以，即使具備理論和方法，也不一定能夠做出合理的判斷。

雖說如此，但從猿猴進化成人、擁有了金錢的我們，是無法再次變回猿猴的，因此，我們應該學習掌握前人累積下來的智慧。

本書並不會詳細論述各種理論和方法，而是以個人在日常生活中必須具備的金錢智慧為焦點。這也是為什麼本書自詡「日常經濟學」。當然，要在商業世界裡倖存下來，這些知識是必不可少的。

本書的關鍵資訊是「為了擁有更充實的人生，我們不能被金錢擺布，我們要控制它」。

雖說要控制金錢，但本書並不包含「一定賺錢的投資術」。我也絲毫不打算提倡輕率的拜金主義。在電影《華爾街》（*Wall Street*）中，投資家哥頓·蓋柯（Gordon Gekko）曾提倡「greed is good」（貪婪是好東西），然而，這種思想備受讚揚的時代早已過去。

但本書也並不是一味崇尚樸素節儉的道德書。在這個時代，氣候異常、地震頻仍、流行疾病肆虐、經濟危機蔓延，不確定性達到空前的程度，為了保護自己，沒有金錢是萬萬不能的。

如何有效地使用有限的金錢，如何適時地投資自己，使自己成長，使人生更豐富多彩呢？如果本書能將這些智慧和更多的人分享，能夠為讀者提供一點幫助，對在下來說，真的是無上的喜悅。

第一章

一流投資家做的判斷，其實和主婦一樣

——價值和價格

一位母親看到優衣庫（UNIQLO）的喀什米爾羊毛V領毛衣標價五千九百九十日圓，嘴裡邊念著「好划算呀」，順手拿起四件放進購物籃裡。

股神巴菲特（Warren Buffett）曾以每股五．二二美元的價格，收購了十．二億美元的可口可樂股票，並且滿足地感歎「做成了一筆不錯的投資」。

不管是這位母親還是巴菲特，在決策的過程上，可以看作是一樣的。母親對比了喀什米爾羊毛毛衣的「價值」與「價格」，巴菲特對比了可口可樂股票的「價值」與「價格」，他們都認為商品的價值高於它的價格，非常划算，所以才購買。這裡說的價值，就是「貨幣價值」。

巴菲特依靠大量收購關注的股票並長期持有的手法，成為世界名列前茅的富豪，被認為是世間少有的投資家。

一九八八年，巴菲特投資可口可樂，被認為是展現他投資手法的典型案例。巴菲特分析了可口可樂的收益能力與成長空間，認為當時每股五．二二美元，是人們低估了可口可樂的價值。

他認為可口可樂股票真正的價值高於市場價格，毅然買了十．二億美元的可口可樂股票。巴菲特當時認為：雖然現在的市場價格過低，但遲早市場參與者會認可可口可樂股票的真正價值並購買，那時股價就會上升。

二〇一四年十月，可口可樂股票為每股四十二美元，是巴菲特投資時的八倍。

對於投資可口可樂，巴菲特這樣說道：「我們也許多少可以預期到，十年後可口可樂的業績增長的幅度。但是，我確信經過長期持續投資，它將領先於全球其他企業。因此，我必須擁有它。二十年後，可口可樂的經營者可能會更替迭代。即便如此，可口可樂的優越性也不會動搖，所以，我投資它。」

他還說：「如果你們問我今早買入可口可樂股票、明早將其拋售這種做法的風險大小，我只能回答，風險極高。」

明天的股價將如何變化，只有神知道，恐怕就連擁有了稀世投資家的預知能力也無法預測。

巴菲特這種長期持股、不因短時間內的股價變化時喜時憂的做法，雖可稱作是股票投資的王道，但並不是常人可以輕易效仿的。普通人遇到股價上漲，就會想著出售獲利；遇到股價下跌，就會猶豫是不是應該認賠拋售。

但是，正如本章開頭所述，僅就決策這一點來看，巴菲特並沒有什麼特別之處。

我們透過共同的機制進行決策

任何人在花錢的時候，無論是否有意識到，都是透過共同的機制進行決策的。我們可以想像雨天必須拜訪客戶時的情景。

從公司步行十分鐘到車站，然後乘坐地鐵，出了地鐵站再步行五分鐘到達客戶的公司。一來一回，有三十分鐘必須冒雨行走。

無論從體力還是精神來說，都不是件輕鬆的事。於是，我們會考慮是否要搭計程車。搭計程車往返雖然會花費三千日圓，但是可以避免體力和精神上的負擔，所以沒關係。我們或許會做出這樣的判斷。

這時，我們就在無意識中，判斷規避負擔的「價值」和三千日圓的「價格」相比是否划算。

可見花錢的決策機制非常簡單，決定因素就是我們得到的價值是否大於支出的金錢（價格）。

「價值」大於「價格」時就購買；「價值」小於「價格」時就暫時觀望。原則非常簡單，我們必須考慮的是，如何弄清楚價值與價格。關於這一點，我們必須掌握相關技巧去有意識地判斷。

對價值與價格的思考

我們可以舉個例子來說明價值與價格。例如，一位任職於東京丸之內某商社會計部的三十多歲女性，在一個假日寫下了這樣的日記：「也許是昨天加班太累了吧，今天早上起床已經十點多。肚子有點餓，就到附近的咖啡館，花一千五百日圓悠閒地享受了一頓早午餐。下午和工作上的朋友相約碰面，之後一起去了每週都會去的料理教室，學會了處理魚的三片刀法。傍晚去了專門學校，認真學習了兩個小時。為了拿到簿記二級的證書，從春天開始就一直在這間學校上課。下課之後，一個人吃完晚餐，坐車到離家最近的車站，正打算回家時，突然看到販賣年末大獎的彩券行。雖然心裡想著『不可能中獎吧……』但還是花三千日圓買了十張，這才回家。」

這位女性工作出色，生活也很充實。但我對她的生活並沒有興趣，我想深究的是她對金錢的使用方式。

她為人踏實、可靠，平時一直都有記帳的習慣，關於今天的支出，她是這樣記錄的：

餐費
午餐　1500日圓
晚餐　1000日圓
教育費
料理教室　3000日圓
簿記專門學校　1萬日圓（單次費用）
雜費
彩券　3000日圓

餐費　2500日圓
教育費　1萬3000日圓
雜費　3000日圓

支出的項目分成三類，但記錄時都歸類為「費用」一項。因為在會計的世界裡，費用是指貨幣的減少，所以她的資產今天減少了一萬八千五百日圓。這在會計上是正確的。但是，每次花錢，她所持有的貨幣價值都會減少嗎？

分成三份的錢包

金融的世界不同於會計的世界。在金融的世界裡，她的錢包被分為三種類型，分別是「消費」「投資」和「投機」。我們將她的支出款項整理如下：

消費的錢包：午餐費、晚餐費及料理教室的學費
投資的錢包：簿記專門學校的學費
投機的錢包：彩券費

我們首先對消費的錢包進行說明。所謂消費，是指「為了滿足欲望而消耗資產、服務（商品）」的行為。

為了滿足食慾而吃飯，為了放鬆心情而去咖啡館喝一杯歐蕾冰咖啡，所支付的相對費用就是消費。

料理教室也是如此。如果將其定位為滿足學做菜、和朋友見面等個人欲望的場所，它的學費就可以算作消費。

日常生活當中使用金錢的情形，大都稱為消費。使用消費錢包的時候，我們會考量情感滿足程度的大小。這種情感上的滿足程度被稱作「效用」。

我們會評估從某種商品中獲得的效用，估算它的價值。如果商品實際價格低於預估的價值，就稱得上是物美價廉，我們便會欣然買下。如果商品定價高於效用，我們就會買得心不甘情不願，或者乾脆不買。

沙漠中的水值多少錢

所謂的效用，是指情感的滿足程度。因此，具有很高的個人主觀性。

通常，對於消費財，人們從相同的商品獲得的效用是相同的，所以購買較便宜商品的行為是非常合理的。如果一碗泡麵在家附近的便利商店賣兩百日圓，但在稍遠一點的特價商店只賣一百七十日圓，幾乎所有的人都會去特價商店購買。

但是，有些人工作忙到連吃晚餐的時間都沒有，加班到很晚才回家，他們買食物時，可能會選擇離家最近的便利商店。

由此看來，消費財的效用並不單單由價格決定，它還受到購買者身處的狀況、價值觀等多種因素的影響。

我們可以舉一個極端的例子。一個人被困在沙漠中三天，最後一點的救命水也喝完了。這時為了得到一瓶平時只要一百三十日圓的礦泉水，他也許會願意花一百萬日圓購買。

興趣及嗜好更是能顯著展現出情感上的滿足程度。大家知道世界上最貴的一枚郵票要賣多少錢嗎？

二〇一四年三月二十四日，蘇富比拍賣行宣布，將拍賣一枚一八五六年在南美洲英屬蓋亞那地區（現在的圭亞那共和國）印刷的一分錢郵票，預計將以一千萬至二千萬美元的價格成交。這枚郵票被稱為世界上最貴的郵票。

對集郵家來說，這枚一分錢的郵票有其獨特的價值。但是，如果一個看不出郵票價值的人，在給朋友寄明信片時剛好缺一枚一分錢的郵票，他翻箱倒櫃好不容易找到這枚郵票，也許會毫不猶豫地把它貼在明信片上。

日常生活中有許多種「投資」

接下來，我們來思考一下第二個錢包：「投資」。在前文那位女性的例子中，既然都是學費，為什麼料理教室的學費屬於消費，而簿記專門學校的學費屬於投資呢？

在經濟世界中，投資是指「為了增加將來的資本（生產能力），而投入現有資本的行為」。

上面那句話可能有些難以理解，我們換一種相對簡單的說法。投資就是「我在某個事物上花了一百日圓，期待它日後可以帶給我多於一百日圓的回報」。

她在休假日還學習簿記，是為了通過公司專業職位的晉升考試。她要從現在的一般職位轉為專業職位，必須通過公司內部考試。而報考資格是「取得簿記二級以上證書」。

轉為主管職位後，要承擔責任更大的工作，會有下屬，基本薪資會增加五萬日圓，獎金更不是現在可以相比的。

也就是說，每次付給簿記專門學校的一萬日圓，如果順利的話，可能會帶來幾十倍甚至幾百倍的回報。

利用現金流量判斷投資價值

此時她到簿記專門學校上課，是因為考慮到「未來產生的金錢」，而不是為了個人情感上的效用。在金融的世界裡，「未來產生的金錢」被稱為「現金流量」，它指的並不是存在於當下的現金，而是為了表現出資金進進出出的動態，使用了「流量」這個詞。

某項投資能帶來多少貨幣價值，是基於其未來產生現金流量的金額。這是金融世界的觀點，這個觀點非常重要，我在第二章會詳細說明。

再舉一個例子，某人打算報名英語會話課程，正在猶豫該選擇哪一家。A學校的課程是一對一教學，商務英語課程學費為三十萬日圓。B學校是集體教學，日常會話課程學費是十萬日圓。

這時候就需要考慮A、B兩所學校將會為此人帶來怎樣的現金流量，這個現金流量就是它們各自的價值。將未來現金流量的價值和三十萬日圓或十萬日圓的價格進行比較，當價值高於價格時就購買，即代表決定到該校上課。

如果此人任職於擁有國際業務的著名公司，透過掌握商務英語，可以預期未來自己會因精通英語而被授予責任更大的工作，那麼他應該會毫不猶豫地選擇A校。

如果此人任職的公司主要業務在國內，他學英語是為了公司內部的升職考試，中等程度的英語水準就足夠了，那麼他應該會選擇學費相對便宜的B校。

在商業世界，「投資」這個詞一般用於「新業務投資」「研究開發投資」及「設備投資」。就個人而言，「投資」這個詞一般用於「股票投資」。

不僅如此，最近「投資」還被用在日常生活的各個方面。希望自己永遠年輕貌美的女性，把去健身房、使用昂貴的化妝品稱作「對自己的投資」。

雖然這種說法有些俗氣，但是保持年輕貌美有時的確可以在未來產生現金流量，單就這種情況來說，確實可以稱作對自己的投資。

想要當上主角的女演員、想要嫁給意中人的女性，對她們來說，花錢使自己更年輕、更漂亮就是投資。

如果為了滿足自己「無論如何都想一直很漂亮」的願望而去健身房，就是在追求「效用」（情感上的滿足程度），屬於消費。

選擇投資還是消費，是個人的自由。但是，當我們花一筆錢時，還是嘗試考慮一下選擇哪一個比較好。我認為，特別是在我們投資時，必須設想未來現金流量會怎樣變化。

三個錢包中的最後一個是「投機錢包」。在這裡，我將彩券歸類在「投機錢包」中。

「投機」原本是佛教用語，意思是澈底大悟。與「投機」相對應的英語是Speculation，含有思索、推測之意。這個詞被轉用到經濟學中，意思變成了「在恰當的時機，投入資產、購買商品」。

「投機」的定義發生了改變

現在，「投機」的含義進一步發生變化。說起「投機」，指的是「做好會虧損的心理準備，挑戰一下，看看是否能夠獲得比付出的金錢更多的回報」。

典型的例子就是賭博。競輪[3]、賽馬、輪盤、麻將、撲克、柏青哥，甚至彩券、樂透等都可以歸類為投機。

前文中的女性，懷著「花三千日圓說不定能中三億日圓」這種淡淡的期待，購買了彩券。她覺得損失了三千日圓也無所謂。我們並不能說買彩券這件事本身滿足了她的欲望，所以不能算作消費。

在消費、投資、投機三個錢包中，我想再對投資與投機的不同稍作說明。兩者都是花費金錢，期待更多回報的行為，因此，它們的區別比較難以理解。

一般來說，「投機」這個詞，很多時候作為投資的反義詞，具有否定投資的含義。比如債券信用評等時，將無法償還本金的不確定性（風險）很高的債券評為投機等級債券。這時，投資與投機的區別在於，投資風險低，投機風險高。

但是，仍沒有明確的區分標準告訴我們，到哪裡為止是投資，從哪裡開始算投機。

前文提到，投資是指「我在某個事物上花了一百日圓，期待它日後可以帶給我多於一百日圓的回報」。

也就是說，投資是指「與投入的金錢相比，未來回報（利益）的期望值（均值）會有所增加」。

那位女性相信，交給簿記專門學校的錢，今後會幾十倍、幾百倍地回報給自己，所以才會投入資金。

商業世界中的投資也是如此。比如，企業投資建設工廠，經營者相信工廠會創造出高於投入的現金流量。投資還指投資對象本身有「賺錢能力」。工廠有生產產品的能力，產品可以變成金錢。例子中的女性去簿記學校學到的知識，在她的工作中也會創造出現金流量。

3 競輪：日本政府許可的自行車賭博賽事。

賭博很難連勝

與投資相對，投機是指「與投入的金錢相比，未來回報（利益）的期望值（均值）不會有所增加」。

彩券、樂透、賽馬、競輪、輪盤等賭博活動，獎金總額一定小於賭資總額。莊家（主辦者）將賭博當作生意，獎金總額小於賭資總額是理所當然的。

獎金總額與賭資總額的比率叫作分紅率，多數情況下這個比率是事前確定好的。彩券的分紅率為百分之五十，賭馬的分紅率為百分之七十五。

換言之，賭博只是莊家對投入的資金進行重新分配，雖然莊家可以獲利，但並不能創造出多於投入資金的獎金（現金）。

在參與賭博的人中，雖然有人贏錢，有人輸錢，但總體來說，賭博參與者是有損失的。

將錢投入工廠（投資），工廠自身運轉可以帶來現金流量。但將錢投入賭博（投機），並不會增加金錢。

期待黃金、鑽石這些貴金屬或繪畫等藝術作品升值而投入金錢的行為，在本書中也被歸類為投機。

購買貴金屬與藝術作品未來並不會產生現金流量，只是由於其數量稀少，所以會以很高的價格交易。但是，因為沒有人知道升值幅度究竟是多少，「與投入的金錢相比，未來回報（利益）的期望值不會有所增加」。換句話說，它們是分紅率接近百分之一百的「投機」。

如上所述，投資與投機雖然有不同，但都伴隨著不確定性（風險）。

與不確定性鬥爭

前文中的女性繳學費到簿記專門學校上課，期待自己未來的年收入會大幅增加。

但是，她可能沒有通過簿記二級考試；可能通過了簿記二級考試卻沒能通過公司內部升職考試；也可能順利通過升職考試，公司業績卻惡化了，心心念念的加薪美夢因為種種原因沒能實現，不但沒能加薪，甚至還可能被減薪。

企業進行設備投資時，會事先預測此項投資可能會創造的現金流量。本書第二章將會提到，透過預測現金流量，可以事先計算出工廠、業務、產品的價值。但是，因為具有不確定性，有時也會產生與計算不符的結果。

這種不確定性叫作「風險」，本書會在第六章詳細說明。風險並不意味著危險，雖說如此，不管是投資或投機，都有風險，並且無法預知。因此，有時明明打算進行一項預期有高回報的投資，結果卻是遭遇大虧損，落得一敗塗地。

投機的不確定性就更不用說了。例如彩券，比起花三千日圓贏三億日圓獎金這種情況，大部分人都只是得到一張廢紙。

賭博中獲勝的機率是可以提前計算的。如前所述，與投入的賭資相對應，獎金的金額也是定好的。所以，賭局莊家收入懷中的金額是確定的，但是各個賭徒拿到手的金額是無法預測的。

靈活使用三個錢包

在前文中提到，我們的錢包分為三種。平時，我們不會意識到三者的區別，一直從一個錢包裡支出金錢。

但是，為了更聰明地花錢，我們必須意識到消費、投資與投機之間的差別，深入挖掘各自的含義，思考與三者相匹配的花錢方法。

說到消費，要考慮購買物品後得到的效用（滿足程度）與所支付的價格是否匹配。為了得到用於消費的錢，適當地投資、增加資產是很有必要的。消費與投資互相聯繫、關係緊密，在保持平衡的同時，也要巧妙地分別控制兩者，這一點非常重要。而且，為了想要賺錢而沉溺於投機中，很可能會花光辛苦累積下來的資產。

這些道理用文字寫出來，人人都知道。但是在生活中，三個錢包的區別有時並不是那麼明確，必須注意。

花錢的對象分為消費、投資、投機三大類，而這些對象物的價格又是如何決定的呢？如果它們的價格和各自的貨幣價值相稱，則較容易理解，但價格和貨幣價值並不是任何時候都能相互符合。

首先，我們來複習一下貨幣價值。

消費錢包中的商品或服務，它們的價值由效用（個人的滿足程度）決定。

投資錢包中的商品或服務，它們的價值由未來創造出的現金流量決定。

投機錢包中的商品或服務，除了賭博的價值暫且被認為由其未來產生的分紅（現金）決定，還包含貴金屬及藝術作品等不會產生現金流量的商品。

價格是如何決定的

那麼，各種商品的價格是如何決定的呢？

價格是由需求和供給決定的。比如，因為漁獲量少，秋刀魚的供給量就會變少；這時，如果需求量增大，價格就會上漲。大家也許會認為這些都是經濟常識了，不過且讓我們在此稍作深究。

消費錢包中的商品或服務的價格，是綜合考慮效用（個人的滿足程度）及生產成本之後決定的。

本書對於效用並不做深入分析，因為個人的滿足程度受各自的價值觀左右，無法統一，很難得出確定的理論。說起來，想要得出確定的理論這種行為本身就是毫無意義。

比如說，東京迪士尼樂園的門票價格並不是由生產成本決定的，而是經營方考慮到，即便是這個價格也可以使遊客得到滿足才確定的。

另一方面，舞濱車站是距東京迪士尼樂園最近的車站，到舞濱車站的電車車票價格，是鐵路公司根據營運成本決定的，並不是從乘客的滿足程度中計算得出的。

因此，有些人進入迪士尼樂園後，可以為了玩巨雷山等待兩個小時，即便乘坐的採礦列車最後又會返回起點，他們也感到很滿足。但從住家附近的車站坐到舞濱車站，就算是乘坐了很長一段距離，一旦電車車票價格上漲，他們就會流露出不滿。

市場未必反映商品的正確價格

投資錢包中的商品或服務的價格是如何決定的呢？這裡再重申一次，投資的價值由其未來產生的現金流量決定。但是，這些商品或服務在市場上交易時，由於供需關係，或者由於投資者的種種考量，價格會發生變動。

股票、債券、幾乎所有的金融產品、用於出租的不動產價格，以及基金管理人的年薪等，都是由現金流量決定的，但它們都有各自的市場，所以有時會因為一些原因，價格出現偏離。

因此，我們要確認自己今後購買的商品究竟是「消費」物件還是「投資」物件，對於由現金流量決定價值的商品，要能掌握其原本適當的價格，當實際價格和自己心中的合適價格偏離甚遠時，盡量別出手。

雖然並不簡單，但至少我們要知道商品本身的價值由其未來現金流量決定。

鑽石的價格由誰決定

第三個錢包：投機錢包，它的價格既不是由成本決定，也不是由現金流量決定。彩券、馬票等，莊家會事先決定好獎金配額，再決定彩券和馬票的價格。

被歸類為投機的黃金、鑽石等商品的價格，則是由其他因素決定，即所謂的稀少性。相對於需求，它們的供給量極少，因此才能以高價買賣。

自古以來，人類挖掘出的黃金總量大概不超過十五萬五千噸，這些黃金大約能裝滿三個奧運標準泳池。黃金也有作為貨幣替代品的價值，黃金有交易市場，黃金市場的供需關係決定黃金價格。

而鑽石由於沒有像黃金一樣公開交易的市場，可以說它的定價方法是不透明的。簡單來說，鑽石的價格是由戴比爾斯集團（De Beers Group）所控制。

一九三〇年歐涅斯特・奧本海默（Ernest Oppenheimer）爵士擔任戴比爾斯集團董事長之後，該集團就開始控制鑽石開採的主要從業者。他建立的行業機制，其獨創性和精密性，即便到現在，也無人能及。

首先，成立鑽石生產商協會（DPA，Diamond Producers Association），以調整生產活動。

其次，大批購買開採出的鑽石，並設立鑽石貿易公司（DTC，Diamond Trading Company），經營鑽石分類業務。

最後，成立壟斷銷售鑽石的機構：中央銷售機構（CSO，Central Selling Organisation）。

由這些機構組成的系統延續至今。戴比爾斯集團在調整生產的同時，透過大批購買鑽石調整庫存，根據供需關係決定鑽石價格。而且戴比爾斯集團還管理銷售管道，壟斷鑽石的生產、銷售與庫存調整。

戴比爾斯集團建構了一個循環系統，用壟斷獲得的利益累積資本，來確保調整庫存過程中不可或缺的採購資金。

藝術作品也有獨特的定價方法。部分近代藝術作品採用本末倒置的定價方法，即「價格決定價值」。

藝術作品本身的價值並不是透過價格反映出來的，相反地，藝術作品被賦予的價格成為它的價值。也就是說，如果某位畫家的作品被標價為一億日圓，那麼今後，一億日圓就成為該畫家作品價值的標準。

藝術作品的價格也會透過拍賣會決定。打開拍賣手冊，可以看到上面註記著每個作品的「出處」（provenance）、「參展經歷」（exhibited）、「文獻」（literature）等資訊。

也就是說，競拍者根據「誰曾擁有這幅作品、誰曾評價這幅作品、這幅作品曾在哪些展覽會上展出、這幅作品曾被哪些媒體報導」等資訊競拍，該作品價格也由此決定。拍賣的價格成為衡量該作品價值的唯一標準。

因為沒有人有自信來鑑別這幅畫的價值，所以說成交價格是「一言堂」可能有點過分。

曾經有個男人，透過「把價格變成價值」這個方法，賺得萬貫家財。他就是義大利珠寶商薩爾瓦多·阿賽爾（Salvador Assael）。阿賽爾曾打算販賣大溪地海岸上隨處可見的黑珍珠，但是完全賣不出去。當時，大家對於顏色不好看的珍珠根本不予理睬。

於是，阿賽爾拜訪了紐約高級珠寶品牌店的創始人海瑞·溫斯頓（Harry Winston）。他拜託溫斯頓在珠寶店的櫥窗裡展示黑珍珠，標上貴得離譜的價格，來凸顯它的價值。與此同時，阿賽爾還在高級奢華雜誌上刊登黑珍珠的滿版廣告。

不久之後，以紐約為中心，掀起了一陣黑珍珠風潮。阿賽爾和溫斯頓所要求的黑珍珠價格，形成了黑珍珠的市場。

一九八〇年時被認為毫無價值，銷售額不足珍珠市場百分之一的黑珍珠，如今的銷售額占世界市場的百分之三十。直到今天，黑珍珠基本上都還是產自大溪地。

如上所述，部分藝術作品、黑珍珠都是先決定價格，然後價格變成了它們的價值。以社會常理來看，我們剛剛提到的部分藝術作品、黑珍珠，以及高級家具、高級汽車等，一旦被認定為很棒的東西，它們的價值與價格就會逐漸被常理所規定。

姑且不論購買的原由，如果是為了自己個人的效用，購買藝術作品和黑珍珠，這種行為就算作消費。如果透過展示這些購買的藝術作品收取門票，這幅作品就產生了現金流量，那麼購買藝術作品的行為就可以視為投資。不過，門票構成的現金流量總額，恐怕遠遠趕不上買畫支付的費用。

金牌得主的獎金是消費嗎

總結整理第一章的內容，試著思考看看以下商品定價方法的差異。

簿記學校的學費……料理教室的學費

在展覽會展出的畫……個人在拍賣中競拍到的畫

打算作為停車場而購買的空地……為了建造自家住宅而購買的空地

田中將大到大聯盟的簽約金……羽生結弦獲得金牌的獎金

電影《冰雪奇緣》的放映權：《冰雪奇緣》的電影票

以上幾組商品，前者都是由現金流量決定價值，是投資的項目。後者都是由個人的滿足程度、效用來決定價值，是消費的項目。

將給金牌得主的獎金歸類為消費，或許大家對此會感到詫異。如果日本奧運委員會（ＪＯＣ）和日本滑冰聯盟提供的六百萬日圓獎金，是羽生選手奪金的動力，那麼可以算作投資，但是羽生選手顯然不是為了獎金而去努力拚命。對於ＪＯＣ和日本滑冰聯盟來說，獎金可以看作是效用，由於組織感到滿足而提供獎金。因此，可以歸類為消費。

我並不是要討論向奧運奪牌選手提供獎金這件事是對還是錯，只是單純地記錄資訊。從一九九二年的阿爾貝維爾冬季奧運會、巴塞隆納奧運會起，日本就開始向獲得獎牌的選手發放獎金。金牌三百萬日圓，銀牌兩百萬日圓，銅牌一百萬日圓。從世界大多數國家的情況來看，日本給的獎金絕不算多。

順道一提，當被問到獎金的用途時，羽生選手回答：「我想把獎金捐給受災民眾以及滑冰場的建設。」這樣做有助於提高羽生選手的價值，對他來說可以算作是投資。當然，這並不是他的目的。

第二章

不懂房地產，也能三分鐘估算出你家值多少錢

——價值和現金流量

本章將會對現金流量如何決定投資的價值，以及時間如何影響現金流量的價值等內容進行說明。

你打算購買或已經購買的房屋，有一個市場價格。但是，房屋還有一個按照某種理論得出的合理價值，這個價值不同於實際上標出的價格。這種理論究竟是什麼呢？

你會用多少錢賣掉自家住宅

假設你打算賣掉自己現在所住的房子，為了能賣個合適的價格，我們必須評估房屋的價值。那麼，應該如何評估呢？

購買或出售自住房屋，可以列為人生三件大事之一，對於資產的形成有很大影響。就算僅從金額方面考慮，買賣房屋也可說是一生中最大的決策。

想要盡可能把房屋賣出高價是人之常情，但是一筆買賣得有買家才能成立。房屋未必會以我們期待的價格賣掉。不，更準確地說，只有極少數的房屋能以賣家期望的價格賣掉。

我們雖不是哈姆雷特，但房屋賣還是不賣，這確實是個問題。要想知道自己房屋的合理價值，應該怎麼做才好呢？應該以什麼價格賣掉房子呢？又應該如何判斷如果低於某個價格就不能出售呢？

即使不懂得房地產知識，也有方法能讓你三分鐘了解自家住宅的價值。

房屋的價值是房租的兩百倍

我們以社區大樓為例。日本一都三縣[4]的新建社區大樓（完工十年內），我們可以透過下列這個簡單的算式，大致計算出合理的價值。

房屋價值＝每月房租×200倍

若是東京都港區、千代田區等市中心的新建社區大樓（完工十年內），則使用下列的算式得出價值。

房屋價值＝每月房租×240倍

例如，你住在練馬區某處屋齡十年的社區大樓中，將房屋出租，預計每個月可以收到二十五萬日圓租金，則房屋合理價值的計算過程如下：

25萬日圓×200倍＝5000萬日圓

只要知道房租，就可以計算出房屋的價值，非常簡單。只要上網搜尋一下，不用花什麼時間和金錢，就可以很容易知道自己房屋所在區域的房租行情。

一般情況下，在進行不動產估價時，需要綜合考慮各種因素才能得出房屋的價格，比如房屋所在地、周邊路況、附近環境、完工年月、與車站距離等等。除非是不動產專家，一般人很難自己估價，必須花錢去請教不動產估價師。

房屋究竟該不該賣？將可能成交的價格與透過前文算式計算得出的價值進行比較，我們就可以做出決定。計算得出房子的價值是五千萬日圓，如果出手只能賣

4　一都三縣：指東京都及其周圍的千葉縣、神奈川縣及崎玉縣。

四千萬日圓，最好暫時忍耐，等待時機。反之，如果可以賣六千萬日圓，則不要猶豫，最好立即脫手。

市價和成本價是兩回事

為什麼可以用房租計算房屋價值呢？房租的兩百倍、兩百四十倍這種計算方法的根據是什麼呢？

再稍微認真分析一下開始時的問題。我們現在居住的房屋是過去購買的，為什麼這間房子的價值可以用房租計算得出呢？它的價值難道不是綜合考慮當初的購房成本和當前不動產交易行情後得出的嗎？

不僅僅是房屋，很多情況下，人們都會抱著「不想以低於購買時的價格出售」的想法，頑固堅持購買時的價格（成本價）。我可以理解這種不希望損失的心情，但是，市價和成本價原本就是兩回事。

市價下跌時，商品成本價就會和當時市場的行情（市價）相差懸殊。這時，標示的價格即使再接近成本價，也不會有人理睬。

我們在逛房屋仲介看物件的時候，會看到有些房屋的價格怎麼看都遠高於市場行情。很多時候，賣家拘泥於當初的購屋價格，即便房仲勸告說：「標這樣的價格是賣不掉的」，賣家也無動於衷。

也許賣家內心還抱著淡淡的期待：「萬一有人來買呢」，不過，還是這樣想比較好：「根本不會有人願意以這個價格購買」。因為買家為了選擇物美價廉的房子都殺紅了眼，那種「標錯價的商品」，他們根本看都不看。

市場有時也會犯錯

「我沒想過以購屋時的價格出售。現在只想按照附近的行情定價。」大部分人抱著這樣的想法來到房屋仲介公司，打聽附近的房價行情。聽到有跟自家住宅內部格局相同的房屋曾以六千萬日圓價格成交，就也想要將自家房屋賣到六千萬日圓。

為什麼可以用房租計算房屋的價值呢？回答這個問題之前，我們先來思考一下鄰近不動產的行情。

我們作為參考的鄰近不動產行情有時也會出錯。我們繼續之前計算過的例子，透過租金計算出房屋價值五千萬日圓，但是假設房仲告訴你：「上個月，有間和你家格局差不多的房屋賣了四千萬日圓，你的房屋應該也就是以四千萬日圓左右的價格成交。」

市場並不是一直處於合理運作的狀態。我們應該要有所認知：「市場未必總是正確的。不僅如此，市場有時甚至會犯錯。」不管是證券還是房地產，都是如此。

正如金融海嘯之後的情況，市場有時會一夕之間癱瘓，有時也會反覆出現泡沫化現象。

有些商品，它的市場交易價格高於價值；也有些商品，它的交易價格遠遠低於合理價值。

如果市場發生混亂，價值五千萬日圓的房屋，標價三千萬日圓也可能賣不出去。哪怕事態沒有異常到這個地步，價值五千萬日圓的房屋有時也會以四千萬日圓左右的價格成交。

如果房仲公司估價說房屋看上去只能賣四千萬日圓，那麼就是指市場比實際狀況更加疲軟，不然就是委託的房仲想要偷懶，以避免日後的成交價格低於預估的價格。

反之，當有人願意花六千萬日圓購買價值五千萬日圓的房屋時，市場就超過了合理水準，開始過熱。這時候最好以六千萬日圓的價格賣掉。

如果有人認為再等一等或許可以漲到六千五百萬日圓，捨不得馬上賣掉房子，那他可真是愚蠢至極了。「明天的價格或許會比今天高。」擁有這種想法的人，無疑被一種「毫無根據的狂熱」給控制了，正是這種狂熱引起了泡沫經濟和泡沫破裂。

如果房屋價值明明只有五千萬日圓，卻以六千萬日圓價格售出，那麼我們就可以做出判斷：「市場出錯了」。

為什麼可以利用房租計算房屋價值

由於市場會出錯，也就無法完全依賴鄰近房屋的銷售行情，因此，掌握利用租金計算房屋價值的方法有其必要性。接下來，我將解釋為什麼可以利用房租計算房屋價值。

房屋價值＝每月房租×200倍

這個公式的依據是「現金流量折現法」。「現金流量折現法」是一種透過將來產生的現金流量推導出物品價值的估算方法，也被稱為「DCF法」（Discounted Cash Flow）。

另一方面，以入手價格作為計算基礎的方式稱為「成本法」；基於市場價格的稱為「市場比較法」。

要想利用DCF法計算房屋的價值，必須知道房屋的現金流量，也就是必須確定這間房屋能為屋主賺多少錢。所謂房屋的現金流量，也就是房租。

上文提到，在進行不動產估價時，要考慮房屋所在地、周邊路況、附近環境、完工年月、與車站距離等等因素。這些因素也會反映在房租上。即便是同一地區的房屋，等級不同，價值也會不同。房屋樓層愈高價格愈貴，這些也會反映在房租上。

那麼還有什麼因素會影響房租呢？首先，從總體上來說，租金和國家的國力有關。租金和國力一樣，不會突然發生驟變。在金融海嘯和泡沫經濟崩潰時，雖然市場陷入恐慌，但房租還是相對比較穩定。長期來看，房租可能會受到個體、總體兩方面經濟狀況的影響，但不會像市場價格一樣產生劇烈震盪。

說得稍微粗俗一些，市場交易由於混入了投機這個雜音，免不了會暗藏劇烈震盪的危險。但是，租賃房屋的人不會因為房租可能漲價而賭一把，租一間和自己能力不相稱的房屋。通常人們都只會支付和自己收入相符合的房租。

在利用房租計算房屋價值時，為什麼要乘以兩百倍呢？要弄清楚這個問題，必須先理解現金流量折現法（ＤＣＦ法）。

我們繼續用前文的例子來說明。一間月租金為二十五萬日圓的房屋，一年創造的現金流量為三百萬日圓。將每年的現金流量加總，就可以計算出該房屋的價值了。

如果將這套房屋租出去三十年，預計可以獲得九千萬日圓的收益。但是，這九千萬日圓並不等於房屋的價值。

今天的一百元比明天的一百元更值錢

為何九千萬日圓並不是房屋的價值，因為「今天的一百元比明天的一百元更值錢」。也就是說，未來預計會得到的錢，相對於現在這個時間點，它的價值是有所減少的。反之，在未來到手之前的這段時間裡，這筆錢能夠產生利息，金額也會增加。

現在這個時間點的現金流量的價值叫作「現值」（PV，Present Value）。接下來，我們以房屋為例，試著計算一下它的現值。

假設，全球房地產相關的年利率是百分之六，今天的一百日圓一年後會增長為一百零六

金融界中最重要格言

「今天的 100 元比明天的 100 元更值錢」

（A dollar today is worth more than a dollar tomorrow）

在利率為 10% 的世界中……

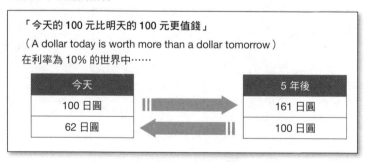

日圓。反過來思考，一年後的一百日圓，現在的價值只有九十四日圓（100÷1.06）。

因此，如果每年有三百萬日圓的現金流量，一年後的三百萬日圓是現在的二百八十三萬日圓（300萬÷1.06），兩年後的三百萬日圓是現在的二百六十七萬日圓（300萬÷1.06÷1.06）。透過這種方式，計算出當前被扣除的現金流量價值，再進行加總，就可以計算出現在的價值。

每年三百萬日圓的房租，連續出租

用 DCF 方法計算現值

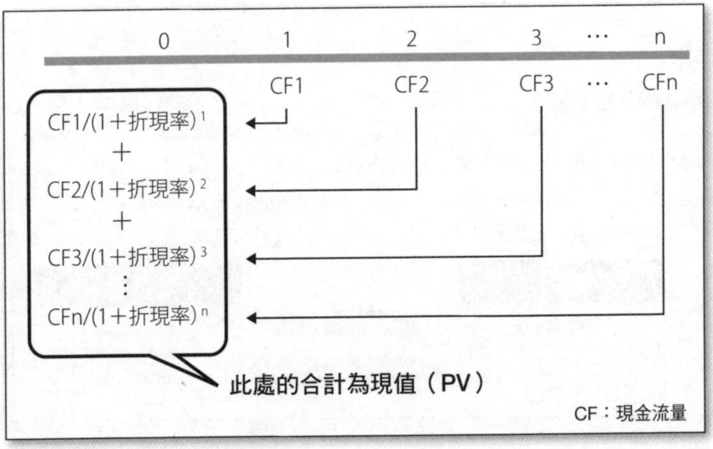

三十年，這樣計算出的房屋價值中，有四千八百七十一萬日圓應該被扣除。所以，九千萬日圓減去四千八百七十一萬日圓就是房屋的價值。

就算出租一百年，價值並不會更大

根據上文的計算我們可以得知，如果我們不只出租三十年，而是出租一百年，即使這樣，房屋的價值也不會有太大增長。雖然，出租時間延長了三倍以上，但價值並不會同時增長三倍多。因為距離現在的時間點愈遠，折現率愈高，現金流量折現過程中被打折的金額愈多。

所以，一百年後的現金流量的現值經過計算（300萬÷1.06^{100}），僅有八千八百四十一日圓。

下頁的圖表就表示了租期和房屋價值的關係。

每年三百萬的現金流量，在折現過程中會被打折、逐年減少（圖中的現金流量現值曲線向下傾斜）。將每年的現金流量現值相加，就是房屋的現值，房屋現值會逐年增加（圖中的現值曲線向上傾斜）。

從圖中還可以看出，出租時間為三十年時，估算的價值為四千萬日圓左右，但是出租時間為一百年時，房屋價值還不到五千萬日圓。

別說是一百年，哪怕假設可以永遠出租，房屋的價值也不可能超過五千萬日圓。

租期與房屋價值之間的關係

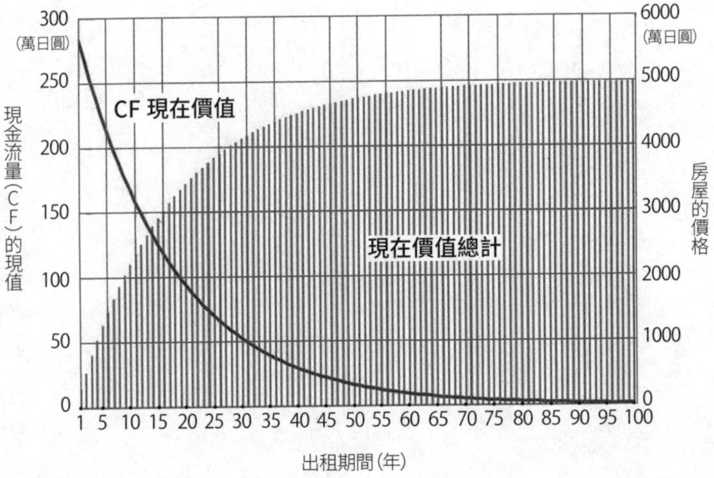

在「300萬÷1.06^n」這個公式中，n從1開始逐漸增加，假設n無限大，最終結果為五千萬日圓（300萬日圓÷0.06）。

永續年金型房租的現值

現金流量有許多種，預計能夠無限期獲得的現金流量被稱為「永續年金」，可以利用下列公式進行計算。公式的推算方法在下一頁有詳述。

永續年金的現值＝每年的現金流量÷折現率（利率）

本章開篇介紹的公式，就是這個公式的變形。

房屋的價值＝每年的現金流量÷0.06

＝每月房租×12÷0.06

＝每月房租×200倍

這裡的折現率指的就是我們之前所說的「利率」。「一年後拿到的一百日圓，現在的價值大約是九十四日圓（100÷1.06）」，此時的百分之六就是折現率。因為是把未來的現金流量折算成現在的現金流量，所以叫作折現率。

可能有人會產生這樣的疑問：「計算房屋價值的時候，可以假設永遠能夠收到房租嗎？利率百分之六是非常重要的資訊，它依據的是什麼呢？」

將房屋的租金歸類為「永續年金型現金流量」並沒有任何問題。哪怕是稍有屋齡的房屋，如果修繕、整修一下，還是可以在很長一段時間內繼續創造現金流量。愈是遙遠的未來，現金流量的價值愈是無限趨近於零，所以利用現金流量求出的現值，無論時間是三十年、一百年還是無限期，結果並不會有太大差別。

與「永續年金型現金流量」相對，在一段時間內產生的現金流量叫作「普通年金」。普通年金與永續年金不同，沒有簡單的公式可以計算，本書中我們就不做詳細敘述了。

債券的利息、機械或車輛等的租金都是普通年金型現金流量，它們都是在開始時設定一個時間段，根據設定的時間段計算現值。

考慮現金流量的不確定性

百分之六的折現率（利率）是怎麼來的呢？在現金流量折現法（DCF法）中，折現率是由現金流量不確定性（風險）的程度決定的。

永續年金型房租現金流量的公式

PV（現值）= CF /（1 + 折現率）^{1} + CF /（1 + 折現率）^{2} +
CF /（1 + 貼現率）^{3} + …
如果在此處輸入 1 /（1 + 折現率）= A，
PV = CF（A + A^2 + ……）——①
PV ÷ A = CF（1 + A + A^2 + ……）——②
② - ①是 PV ×（1 / A-1）= CF
在這裡替換 A 的定義，
PV × {（1 + 折現率）-1} = CF
PV × 折現率 = CF
因此

$$PV = \frac{CF}{折現率}$$

CF：現金流量

現金流量的風險程度高，折現率就高；現金流量的風險程度低，折現率就低。並且現金流量的折現率愈高，它的現值就愈小。

折現率就是利率。設想一下，當我們借貸金錢時，站在貸款人的角度來看，利息是「金錢借出期間無法使用此筆款項而獲得的補償」，也可以是「對借款人可能無法還款這項風險的補償」。

假如有人對你說「一年之後，我會還你一百萬日圓」，那麼你現在會借給他多少錢呢？如果是借給銀行，等於把錢存在銀行，那麼九十九點九萬日圓也可以。

如果是借給公司的同事，你會借多少錢呢？雖然你很想相信他會在一年之後把錢湊齊，還清一百萬日圓，但是他可能半年之後突然跳槽，再也聯繫不上了，也可能一年之後，他會以各種理由推遲還款。這樣一想，你可能最多借給他七十萬日圓就不錯了。

這時，你要求銀行支付的利率是百分之〇．一（0.1萬日圓÷99.9萬日圓），要求公司同事支付的利率是百分之四十三（30萬日圓÷70萬日圓）。所以，風險愈高，利率（折現率）也就愈高。

調查房屋的折現率

通常，大家認為風險最低的資產是國債，當前日本國債的利率不到百分之一，它也是折現率的最低標準。

我們把這個最低標準稱作無風險報酬率（沒有風險的報酬比率），根據資產風險的大小另外追加的報酬叫作風險溢酬。在前面的例子中，我們假設房屋的折現率是百分之六，也就是在不足百分之一的無風險報酬率的基礎上，增加了百分之五的風險溢酬。

房屋的所在地區愈受歡迎、屋齡愈低，折現率就愈小。因為這樣的房屋可以確保很快找到房客，房租也很穩定，未來現金流量的風險也就很低。

從專營中古屋的不動產投資信託，取得二〇一四年七月不同地區、不同屋齡的房屋折現率，並將這些資訊繪製成表格。前文中所舉的例子是一棟屋齡十年、位於一都三縣地區的房屋，所以我們將它的折現率設定為百分之六。

如果是位於東京都港區、千代田區等市中心的房屋（屋齡十年以下），折現率是百分之五。

房屋的價值＝每年的現金流量÷0.05

＝每月房租×12÷0.05

＝每月房租×240倍

這是本章開篇時介紹的另一個公式。

不同地區、不同屋齡的房屋折現率

屋齡	10 年以內	20 年以內	30 年以內	30 年以上
東京都（港區、中央區、千代田區）	5.0%	5.5%	6.0%	8.0%
東京都（山手線以內）	5.5%	6.0%	6.5%	8.5%
一都三縣	6.0%	6.5%	7.0%	9.0%
地方政令指定都市	6.5%	7.0%	7.5%	9.5%

專營中古屋的不動產投資信託是如何得出這個折現率的呢？他們透過長期的經驗判斷得出：投資房屋、進行交易，使用前文中的折現率，交易成功的比例很高。得出折現率的另一個方法，是根據房租的離散程度（變動性）來推定折現率。

永續年金現值＝每年的現金流量÷折現率（利率）

以上公式可整理為：

折現率（利率）＝每年的現金流量（房租）÷現值（市場行情）

也就是說，房租除以市場行情得到折現率，從不動產信託的角度來看，折現率就成了投資報酬率（收益率）。他們掌握著各地區、各等級房屋的歷史收益率資訊；當收益率與平均值不一致時，說明產生了離散程度。當離散程度較大時，可以預期折現率會提高。

「折現率等於投資報酬率（收益率）」，這個概念非常重要。兩者是表裡一致的關係。它們的區別在於，投資方是從不確定性（風險）的角度來看，還是從投資報酬（收益率）的角度來看。

從報紙上刊登的不動產投資廣告，可以看到一種耐人尋味的趨勢。廣告中都註明了房屋住滿房客時的假定收益率，同一個地區的出租房屋，距離車站愈遠，屋齡愈高，住滿房客時的假定收益率就愈高。

出租房屋能否收到房租的不確定性（風險）愈高，它的收益率也愈高。假設都住滿房客，可以獲得的房租金額也相同，但風險高的房屋折現率相對也較高，因此，不得不將它的出售價格設定得低一些。

關於不確定性和折現率（利率、收益率）的關係，即風險與報酬的關係，將會在第六章詳細敘述。

買下六本木之丘或東京中城要花多少錢

目前為止我們以房屋的買賣為例，說明了根據比較售價及利用DCF法得出的現值，來判斷是否進行投資的方法。這個方法叫作淨現值法（NPV，Net Present Value），是金融界制定投資決策的傳統方法。

NPV法的基礎是「根據現金流量得出的價值才是真正的價值，市場價格未必能反映應有價值」。以這種觀點來評估物件價值，在商業領域極其重要。

NPV法不僅適用於一般房屋，也適用於商業大樓。我們可以利用表格中的公開資料，嘗試計算一下六本木之丘和東京中城的價值。

要確定這兩處商業大樓的現值，並不需要知道它的土地費用和總工程費用。重要的是現金流量，因此，每坪租金價格是估算價值的基礎。鑒於它們的租金並未公開，我們透過市場行情推測，雙方都大約在每坪三萬日圓，折現率定為百分之五。

經過計算，六本木之丘的現值為五千三百億日圓，東京中城的現值為三千九百億

六本木之丘和東京中城的公開數據

名稱	六本木之丘	東京中城
完工年月	2003 年 4 月	2007 年 3 月
總建設費	4900 億日圓	3700 億日圓
占地面積	12 萬 m^2	10 萬 m^2
總建築面積	76 萬 m^2	57 萬 m^2
樓層數	54 層	54 層
高度	238m	248m
1F 租賃面積	4500m^2	3300m^2

六本木之丘和東京中城的現值

名稱	六本木之丘	東京中城
租金市場價格（每 3.3m^2）	3 萬日圓	3 萬日圓
1 樓租賃面積	4500m^2	3300m^2
樓層數	54	54
年度假設租金收入	265 億 900 萬日圓	194 億 4400 萬日圓
折現率	5.00%	5.00%
現值	5301 億日圓	3888 億日圓

日圓。兩者的總建設費分別約四千九百億日圓和三千七百億日圓。

決定是否投資某棟大樓建案，需要判斷現金流量的現值是否超過總建設費。正因為兩棟大樓的現值都超過了總建設費，它們才得以完工。在評估階段，如果投資方判斷現值只會低於建案總建設費，則建案很可能就會被擱置。

一杯一千八百日圓的咖啡

如前文所述，當我們著眼於現金流量，日常中的尋常景象也會顯得格外不同。我們再來看一個例子。

在繁忙工作的空檔，稍稍放鬆喝一杯咖啡，別有一番風味。如果是在都會中的飯店咖啡廳，滋味更是不同。

我偶爾也會想做一些奢侈的事情，例如工作洽談結束後，前往位於東京中城的麗思卡爾頓飯店（The Ritz-Carlonr）裡的咖啡廳喝杯咖啡。在服務人員引領下入座後，打算點餐時，發現一杯咖啡要一千八百日圓。

打算順便點些輕食，看到一個漢堡居然要一萬五千八百五十日圓。菜單上備註說，漢堡是以特別選用的和牛、法國松露、鵝肝製成的，我並不想對這個漢堡的效用進行論述。最終，我只點了一杯咖啡。

我們先不說漢堡，單講咖啡，為什麼東京中城麗思卡爾頓飯店裡的咖啡會賣到一杯一千八百日圓呢？

針對這個問題，可能很多人會這樣回答：

「東京中城是黃金地段，地價很高，房租也相對較高，所以咖啡只有定價高一點才能賺錢。」

這個觀點聽起來雖然很有道理，但並不是正確答案。正確答案是：「因為東京中城是人氣地區，即使一杯咖啡要價一千八百日圓，也會有人來買」。

答案的思路整理如下：

・中城是具有吸引力、人潮聚集、經常進行消費的地方。

・咖啡即使昂貴也可以賣得出去。

・賣得出價格昂貴的咖啡，只要支付高價的租金，即使是咖啡店也可以進駐中城。

・咖啡店等商店的承租人向房東支付高額的租金。能夠蓋出像中城這樣大型建案的土地，具有創造出強大現金流量的能力，因此價值也能跟著提高。

你可能對此感到有些奇怪，但是如果想到「租金和承租人的現金流量創造力相關」也就可以接受了。在金融界，人們常常從現金流量的角度來考量事情。

銀座和澀谷的地價為什麼不同

土地的價格，是由「該土地創造的現金流量」的大小決定的。該土地能夠創造多少現金流量，是由「該土地的人口聚集能力」的強弱決定。

人口聚集能力的強弱是由各種因素結合而成。交通便利、社會基礎設施完善、自古就是具有吸引力的地方、有許多富裕階層的人居住等，都會增強人口聚集能力。

土地的現金流量創造力取決於集客力，但這並不意味著將人聚在一起就行了。重要的是聚集起來的顧客在這個地方能花多少錢。

單論集客能力，澀谷不輸銀座。僅看澀谷車站前全向十字路口的人潮，它的集客能力或許超過銀座。但是，澀谷是年輕人的聚集地，個人的購物支出相較就低於銀座。

這種差異也反映在銀座和澀谷的地價上。

再比如，同一地區的兩塊土地，僅隔著一條馬路，價格就可能相差一倍。這是為什麼呢？

因為這兩塊土地的容積率不同。面朝大馬路的土地，可以建造高樓層建築。與其相反，面朝巷弄的土地只能建造低樓層建築。高樓層建築的總使用面積較大，整體租金也較高，因此土地價格相對就高。土地並不是按面積出售，而是按空間單位進行交易的。

單價一億日圓的土地應該用來賣什麼

我們也可以從現金流量與地價的角度來思考一下商業方面的事情。二〇一三年公布的公告地價顯示，銀座四丁目山野樂器所在地的地價位居全國之冠。每坪約一億日圓，即每平方公尺約三千萬日圓。

兩塊塌塌米大小的土地就要一億日圓，這價格雖然令人難以置信，但如果這塊土地可以創造出與其價格相當的現金流量，一億日圓的價格倒也算公道。重點是投資一億日圓後，能產生令人滿意的收益率就划算。

我們假定收益率為百分之四。那麼每坪土地每年至少要產生四百萬日圓的利潤。山野樂器的大樓有七層，即每層的平均年利潤為五十七萬日圓，忽略各種費用，每層每天的利潤必須達到每坪一千五百日圓。

CD的販售單價是二千五百日圓，假定毛利率為百分之三十，則每張CD的毛利是七百五十日圓，各樓層每坪土地每天至少需賣出兩張CD。

以上計算只是基於假定數字的頭腦體操，但我們從中可以知道，在全國地價最貴的地方也可以經營CD商店。

那麼速食業的情況如何呢？對於日本麥當勞來說，銀座是麥當勞登陸日本開設第一家店的聖地，但是如今銀座已經看不到麥當勞了。

稍作調查後發現，麥當勞在港區有四家店，在丸之內只有一家。

有人認為這是因為銀座、丸之內的租金太高，麥當勞在這些地方賣銅板美食太不划算。然而，正確答案是麥當勞所有分店都是統一價格，所以沒辦法在銀座和丸之內設店。

即便是同一個連鎖旅館，市中心的住宿價格和郊區的住宿價格也是完全不一樣的。雖然銀座的麥當勞也可以一杯咖啡賣一千日圓，但是這不符合麥當勞的商業模式，所以只能從銀座撤店。實際上，麥當勞正在從市中心黃金地段的小型店面，向郊區的大型店面轉型。

但銀座並非沒有低價策略的商家，著名的快時尚品牌ＺＡＲＡ和優衣庫都在銀座有店面。二〇一二年三月，迅銷公司（Fast Retailing）在東京銀座開設「優衣庫銀座店」，是世界最大的旗艦店。

「優衣庫銀座店」有十二層樓，營業面積約五千平方公尺，使用六國語言接待顧客，還銷售與世界人氣品牌UNDERCOVER共同企畫的商品。會長兼社長的柳井正相信「年營業額能達到一百億日圓」。

雖然同樣是低價，但麥當勞和優衣庫在客單價、利潤幅度和顧客周轉率上都有很大的不同。另外，對於時尚產業來說，品牌策略非常重要，在銀座開店具有重大意義。即便不賺錢，各服飾品牌還是紛紛在表參道、青山設立旗艦店就是基於這個原因。它們的費用也屬於維持品牌影響力的支出，企業會毫不猶豫地支付。

總體核算一下，銀座、表參道的品牌形象所創造的現金流量，足夠彌補它們產生的虧損。

目前都在討論關於東京市中心的案例。其實，地方城市的餐廳、零售業在開店的時候，尋找「可以創造現金流量的地點」，意即尋找有人口聚集能力的地點也十分重要。

大多數小城市都有酒館街，小酒館店鋪林立，招攬客人競爭激烈，但其中也有門前非常冷清的店家。

有人可能會說：「那就不要在這種競爭激烈的地方開店呀。到沒有競爭對手的地方開店多好。」這種想法非常草率。

小酒館雲集的地方，自身就擁有了集客力，店家即便不去招攬，也會有客人來。

但是在偏僻的地方開一家酒館，要想招攬客人，店家自身就必須有很強的集客力。

第三章

年功序列資歷是新進員工的希望

——時間及其影響

正如本書第二章中提到的，物品、商業、服務的價值，取決於它們能創造出多少現金流量。這個觀點構成了金融理論的基礎，我們先稍作複習。

已知現金流量的金額、為獲得現金流量所花費的時間（期間），以及根據不確定性（風險）得出的折現率（利率），我們就可以計算出創造此現金流量的物品的現值。

這一理論適用於許多事例，不僅可以計算房屋價值，還可以計算企業價值（股票市價總額）、商業價值，可以說是由猿猴進化而來的人類為了控制金錢而掌握的智慧之一。

雖然這個理論在金融界已經確立下來，但在現實世界中並不能就這樣直接套用。因為，投資時，最終還是要由人來做出判斷。

在第一章中，我們區分了消費、投資、投機三個錢包，並提及利用效用判斷消費，利用現金流量的價值判斷投資。但實際使用金錢時，有時候很難區分消費和投資。即使可以根據公式計算價值，也不能僅僅依此就做出判斷，有時候雖然是投資，但也要考慮到它的效用。

既然涉及人，價值計算公式就會受到影響，有時候，還會存在一些扭曲價值的因素。

其中一個因素就是時間。與電腦或電子錶不同，人們感受到的時間長度會因為各種原因發生變化。時間長短和人們感受間的關係原本就很複雜，並不是僅靠一定的折現率就可以調整。

而且，對機率的誤解也會影響價值計算公式。另外，人們無意識做出的不合理舉動，即「習慣」，也會影響價值計算公式。

本章將針對人們如何感受時間，以及時間的流逝和人們感受到的價值、效用之間有何關係等問題，舉例說明。機率的相關問題將在第四章解釋，行為上的「習慣」會在第五章說明。

薪資取決於員工創造的現金流量

很久以前，我們就開始說年功序列[5]薪資制度將崩潰，實力主義時代已經到來。但是，幾乎所有的大企業都還保留著年功序列薪資制度：新進員工的薪水最低，隨著年資增加，薪水逐漸調漲。從其他公司轉入的員工，他們的薪水某種程度上取決於工作經歷和年齡。即使是中小企業，實際情況也並沒有多大改變。

物品及專業的價值由現金流量決定，我們嘗試將這個理論套用在人，即支付給員工的薪水，取決於該員工創造的現金流量大小。

企業會做出以下判斷：新進員工還不能獨自勝任工作，他們的薪水自然低於工作熟練、可以為公司帶來很大收益的資深員工。員工對此應該也不會有什麼意見。

那麼，從資深員工到老員工的情況又如何呢？一般公司職員的賺錢能力，在新到職時期為零，之後隨著經驗的累積逐漸提高。到四、五十歲時，體力充沛、沉著穩健，也累積了大量經驗，此時的賺錢能力達到高峰，之後賺錢能力會緩慢下降。

如此一來，企業根據員工創造現金流量的大小，對過了高峰的員工減薪也就不足為奇了。但是，因為實行年功序列薪資制度，這部分員工的薪水反而會緩慢增加。有些企業會將超過五十歲的員工調往關係企業，並調降薪水，即便如此，薪水也不會低到和二十多歲時一樣。

當然，並不是所有員工都在四十多歲迎來高峰，之後便會下降。部長、主管等管理職位還有其他價值；也有些行業，員工三十多歲時賺錢能力最強；還有的員工利用自身的專業性，到五十多歲依然表現出超過資深員工應有的工作能力。

我在此並不想論述實力主義和年功序列制度孰是孰非。我想要思考的是，人們是如何理解現金流量的價值。

在一般的企業裡，薪水與賺錢能力的關係是：新到職的時候，薪水高於賺錢能力；成為資深職員之後，情況就發生一百八十度大轉彎，賺錢能力高於薪水；接近

5 年功序列：為日本獨有的企業文化，在終身雇用制的背景下，以年資跟職位訂定標準化的薪水。

退休時，薪水再一次高於賺錢能力。

假定人一生的薪水總額不變，上文中的年功序列薪資制，和按照能力獲得相應薪水的績效薪資制度，哪一種對員工來說更有利呢？

即使人一生的薪水總額相同，由於獲得薪水的時間不同，從現值的角度考慮，年功序列薪資和績效薪資也是有差別的。

基於金融理論，折現率一定時，按照現金流量的現值來看，績效薪資制度的價值要高一些。原因在於，績效薪資制度在較早的時間點取得較高的薪水，所以現金流量的現值要大於年功序列薪資制度。

而且，如果將初期得到的薪水進行再投資，可能會獲得更大的收益。即使中途離職，下一份工作也能獲得較高的薪水。

這樣看來，突然被點醒、希望實行績效薪資制的人會增加嗎？情況似乎並非如此。大多數人希望薪水可以慢慢調漲，如果中途薪水調降，就會覺得有所損失。

行為經濟學家羅文斯坦（George Loewenstein）和普雷萊克（Drazen Prelec）曾進

行過以下調查。六年間的薪水總額相同，但是支付方法有三種：

- 最初薪水較低，之後漸漸上升。
- 六年間的薪水不變。
- 最初薪水較高，之後漸漸下降。

他們對一般大眾進行調查，詢問他們會選擇哪種方式。

如果按照上述的金融理論來考量，對於員工來說，最初薪水較高之後漸漸下降的支付方法是最合理的。但調查結果顯示，選擇這一方式的調查對象只占百分之十，半數以上的調查對象選擇了逐漸上漲的方式。

其中的原因在於，以現在的薪水為起點來看，未來薪水調降，人們會感覺遭受了損失。也就是說，中間夾雜了和效用相關的判斷。因此，單純利用基於折現率的公式來測定效用，還是太過簡單了。

感覺和認知的差異

效用是人的一種感受。「人感知到某種感覺」時，人體機能究竟是如何運轉的呢？以下我們來整理一下。

人們常說視覺、聽覺、嗅覺、味覺、觸覺五種感覺，對應這五感，人體擁有眼、耳、鼻、舌、皮膚五種器官。這些器官將外部的資訊傳送給大腦。

比如，眼睛將外部的資訊透過視網膜傳送給視神經。照相機就是利用了這個原理，鏡頭相當於水晶體，底片相當於視網膜，但照相機獲取的只有光和色的資訊。把光資訊和色資訊變成有意義的物件，是大腦知覺的功勞。

映射在視網膜上的影像，和底片上的影像一樣，是二維的資訊，但是人類總是可以感受到距離，看見立體的事物。雖然在我們看來這件事理所當然，但仔細想想，會發現非常不可思議。不僅僅是人類，幾乎所有的脊椎動物，都可以輕而易舉地把映射在視網膜的二維資訊轉化為三維資訊，這著實令人震驚。

之所以能夠將二維資訊轉化為三維資訊，是因為兩個眼球各自處理的資訊有些細微的差異。3D眼鏡利用的正是這個生理機能。另外，在看近處的物體時，眼睛會變成鬥雞眼，這樣才有立體感。

即使閉上一隻眼睛，立體的世界也不會突然變成平面的世界，因為我們能夠從周圍的背景判斷距離。以下這個實驗非常有趣。

閉上一隻眼睛，豎起兩手食指，水平伸直雙臂。然後將右手拉近至眼前。食指的大小會發生什麼變化呢？你應該會發現右手食指比左手食指大了一點，但事實上我們都知道兩根手指並沒有變化。反覆多做幾次，就會發現兩根食指大小差距非常明顯，左手食指只有右手食指的一半大。

這是因為人的大腦知道兩根食指大小一樣的知識，所以才會發生這樣的現象。也就是說，後天習得的知識、經驗，會在無意識中作用於人類大腦，這就叫作「認知」。

眼睛看到的事物並不是直接的辨識，而是在大腦內進行了各種修正處理後的產物。與其說是眼睛看事物，不如說是大腦在看。對時間的感覺也是同樣的道理。

感知時間的器官是大腦

我們在感知時間的時候，身體機能是如何運作的呢？人類並沒有直接感知時間的器官。因此，大腦的前額葉會依據包含五感在內的各種外部刺激、資訊，以及迄今為止學到的知識、經驗來「認知」時間。

大多數人都知道三分鐘有多長。用熱水泡麵，即使不看手錶，我們也能大概知道等多久就可以吃了。經驗豐富的拳擊手，可以在正好三分鐘的時間裡持續進行空擊練習而不用計時。在這兩個情境中，大腦依據過去的經驗，對三分鐘的時間進行了認知。

那麼，如果有人對你說「請試著想像一下從現在開始一年的時間有多長」，你能夠正確想像這段時間嗎？能夠在一年之後，說出「到今天剛好是一年」嗎？基本上這不可能辦到。

而且，即便是同一個人，對於一年的感知，也會隨著時間和情境的不同發生變化。比如說，某一年，你剛開始創業，每天都忙得暈頭轉向，應該會覺得這一年過得非常快。反之，如果你生病住院，是不是就會覺得這一年極其漫長呢？

人們常說，人類感知時間的快慢，會根據心情、年齡的不同而產生變化。即使播放同一首樂曲，在很安靜或是睡眼惺忪的時候，會覺得它節奏很快，但如果是在劇烈運動或工作之後，就會覺得節奏很慢。人類感知時間的快慢，可以說是相對的，而且個體之間也存在差異。

動物生理學家本川達雄在他的著作《大象時間老鼠時間》中，是這樣解釋的：

「對動物來說，時間和體重的四分之一成正比。（中略）人類是視覺型的生物。他們對空間非常了解，並且知道有不同大小的生物。但時間感知不是很發達。因為人類的時間感知似乎無法靈敏地測量外部時間，因此，頭腦中唯一的時間軸可能是自己獨有的時間軸。關於時間，人類可以說是對外界封閉的。」

年紀愈大時間過得愈快

我們應該都有過這種感受：年紀愈大，愈覺得時間過得快，一年時間就像一天一樣。這種「年紀愈大覺得時間過得愈快」的感覺，就叫作「珍妮特法則」。「珍妮特法則」由十九世紀的法國哲學家保羅．珍妮特（Paul Janet）最先提出，他的侄子心理學家皮耶．珍妮特（Pierre Janet）在著作中介紹了這個法則，即人類感知的時間長短，和自己的年齡成反比。

我們之所以覺得時間過得愈來愈快，是因為上了年紀之後，動作和思考的速度變慢，單位時間的工作量因此下降。

年輕時明明十分鐘就可以走完的路程，現在要花二十分鐘；年輕時一天就可以完成的工作，現在要花兩天的時間。這樣，我們就會覺得現在的時間過得比以前快一倍。

也有人認為，年紀愈大愈覺得時間過得快，是因為感受到的時間和累積的經驗量成反比。對於一個七歲的孩子來說，一年是他人生的七分之一，而對於一個七十歲的老人來說，一年是他人生的七十分之一。因此，後者會感覺一年過得更快。

如此看來，對時間的認知是一件很複雜的事。每個人都有自己認知時間的標準，這樣一來，鐘錶計量的時間和人感知的時間就會產生很大差距。同樣的一年時間，長短會由於各種因素的影響發生變化，所以，對於人類來說不存在長短相同的一年。而且，我們沒有感知時間的器官，對於一年時間有多長的判斷就更加模糊了。

閉起一隻眼睛，看到距離不同的兩根手指「長短相同」，這雖然是大腦修正後的結果，但我們也可以透過視覺確認：靠近眼睛的手指長度是另一隻的兩倍。

對於時間，我們卻不能這樣來感知。從現在開始將要經歷的一年是獨一無二的，不能和其他的任何一年進行比較，而且我們也沒有比較時間長短的器官。

我們只能說過去的一年「過得好快呀」，而不能事先預測說「這一年將會過得很快吧」。

高精確度的原子鐘，三千萬年只會有一秒的誤差，能夠非常準確地計量時間。但發明它的人類，卻連一年的時間都沒辦法準確把握。

效用和時間的關係

個人在判斷投資還是消費時，除了要掌握貨幣價值，還要考慮自己對金錢的效用（滿足程度）。我們必須注意，效用和時間也有很大的關係。金錢帶來的效用會在第五章詳細論述。

當前時間點的貨幣價值＝N年後的現金流量÷（1＋折現率）^{n}

在金融理論中，上述公式中的折現率反映了未來現金流量的不確定性（風險）。本書在第二章曾就折現率（利率）進行過說明：把錢存入銀行時，即使利率是百分之零點一也可以接受；把錢借給一個不太熟的朋友時，即使利率是百分之三十也會猶豫。當利率高達百分之三十時，這個朋友還是願意借錢，我們就會強烈懷疑他是否打算還錢。利率就是這樣決定的，它反映了將來收回借款的風險。

同樣，人類評價金錢效用的公式可以表示如下：

當前時間點的金錢的效用＝N年後的現金流量的效用÷（1＋折現率）^{n}

但是，這個公式中的折現率，和金融理論中使用的反映不確定性（風險）的折現率是不一樣的。效用和時間的關係非常複雜，我們必須先確定反映兩者關係的折現率。另外，每個人對於時間的感覺也有很大不同，所以，即便是相同的時間，效用也會因人而異。

當利率為百分之十，一年後的一百萬日圓，現值為九十萬日圓。但是，對於「這一年感覺過得像十年一樣久」的人來說，情況又如何呢？此時的效用是一百萬日圓除以一點一的十次方，約三十八萬日圓。

平均預期壽命和折現率的關係

我們對折現率的定義，並沒有將人類對時間感知的失真情況考慮進去。以下將講述三個由於對時間的感知不同而使效用失真的例子。第一個例子就是平均預期壽命和折現率的關係。

我們假設有兩個投資方案，一個是今天投資一百萬日圓，十年後可以得到兩百萬日圓，收益率（折現率、利率）是百分之七・一八。另一個方案是，今天投資一百萬日圓，四十年後可以得到兩千萬日圓，收益率是百分之七・七八。

如果兩個投資方案的不確定性（風險）相同，我們理論上應該更喜歡收益較高的四十年的投資方案。但是，這裡牽扯到時間的問題。

如果你是一個二十歲的年輕人，考慮到自己的晚年，可能會選擇四十年的投資方案。但如果你是即將步入退休的六十歲老人，情況又會如何呢？可想而知，四十年後收到的兩千萬日圓，對你來說幾乎沒有任何價值。

你甚至不知道自己能不能活到一百歲。即使活到一百歲，拿到兩千萬日圓又能花在什麼地方呢？

所以，估算自己還能活多少年，即知道自己的「預期壽命」，是判斷投資還是消費的時間因素之一。

從平均預期壽命的角度考慮折現率（利率），時間愈長，折現率愈高。和金融理論中的穩定折現率相比，這種情境下價值減少的速度更快。

我們不妨想像一下，未來能獲得的金錢對於當下二十歲的人和八十歲的人帶來的效用有什麼不同。比如十年後的金錢，對於二十歲的年輕人來說，未來獲得金錢的效用和現在並沒有什麼差別；而對八十歲的人來說，十年後的金錢幾乎沒有任何價值。如果是十歲的少年，十年後的金錢或許比現在就獲得這部分金錢的效用更高。

十年後的自己是另外一個人

在《哆啦A夢》中，大雄使用時光機前往未來，遇到了成年後的自己。成年後的大雄只有身體變大了，還是戴著和小時候一樣的圓眼鏡，被成年的胖虎欺負。大雄的內在幾乎沒有任何改變。

未來的我們，內在真的不會發生變化嗎？英國哲學家德瑞克・帕菲特（Derek Parfit）曾說：「未來的我和今天的我是完全不同的人。簡直就是另外一個人。」

行為經濟學家丹尼爾・古斯坦（Daniel Goldstein）在TED演講時說道：「一個人身體裡有兩個大腦，一個大腦思考著現在的自己，另一個預測著未來的自己。」

假設他的說法是正確的，那麼未來的自己和現在的自己就會擁有完全不同的興趣、愛好和思維方式。也就是說，現在對自己有價值的東西，未來不一定有同等的價值。因為未來的自己和現在的自己是完全不同的人，對於效用的感受也會不同。

總之，我們在計算未來的效用時所使用的折現率，必須考慮到「變成了另一個人的自己」。這是時間影響效用的第二個例子。

付款和消費發生在不同的時間點

我們花錢購買某種商品或服務的時間點，和我們消費這個商品或服務的時間點不一定相同。像吃飯、按摩這類消費，我們付款之後立即就能獲得效用。但是像讀大學或人壽保險等，付款和獲得效用就發生在不同的時間點。

比如你希望自己可以熟練運用英語，成為一個在國際舞台上大顯身手的專業人士，於是向英語培訓學校預繳了兩年的學費一百萬日圓。但是，兩年後你會獲得什麼呢？

經過兩年的學習，你真的可以熟練掌握英語嗎？或者兩年後，你找到了一份比去國外上班更有吸引力的工作。如果這樣，那麼你透過到英語培訓學校學習所能獲得的效用就會大幅減少。

假設你是一家公司財務部的課長，有想法有野心，希望早日晉升為部長。這時，競爭對手公司希望你跳槽。

如果跳槽到競爭對手的公司，你的年收入將會增加百分之二十。但是，在現在公司晉升到財務部長的夢想就無法實現了。究竟該如何取捨，你對此非常苦惱。

你之所以感到苦惱，是因為沒有親身體驗過「晉升至部長的效用（滿足程度）」。你只能透過回憶「晉升至課長的滿足程度」，來想像晉升至部長時的滿足程度。

雖然你還清楚記得第一次接到管理職位任命書時的得意和滿足感，但還是很難判斷跳槽和晉升至部長的滿足程度，究竟哪一個更大。

擁擠的電車和延誤的飛機

東京早晨上班時間的尖峰時段還是老樣子，擠滿月台的人群爭先恐後地擠入已經塞得滿滿的電車。儘管車站廣播提醒「請等待下一班列車」，卻沒有人真的在聽。只要觀察幾次，我們就會發現，一般情況下，電車按照預定的時間在各車站之間運行，並且下一班列車通常人會比較少一些。即使知道這個經驗法則，大多數人還是會選擇搭乘眼前的這班電車。

你熬過上班高峰，好不容易到了公司，卻接到上司的命令，要求你一個星期後出差一趟。於是你立刻預訂早上七點從羽田機場起飛的航班，遺憾的是機票已經賣完了，只好改訂八點的航班。

最終，你只買到比計畫晚一小時的航班，你會因此產生多大的損失感呢？這份損失感和沒能坐上早晨那班擁擠的電車、只能等待下一班時那種焦急的心情相比，應該要小得多吧。

上下班尖峰時段的電車每三分鐘一班，和只能預訂晚一班的飛機而延遲的一小時相比，時間上的損失只不過是後者的二十分之一。但是，從感受到的效用來說，當下的三分鐘，比一個星期之後的一小時，損失要大得多。

對於人們來說，現在是最重要的，消費（獲得效用）的時間點只要比現在晚一點點，就會感覺蒙受了極大的損失。但是，未來的延誤，我們並不會那麼在意。

也就是說，與現在間隔的時間雖然較短，人們感受到的效用會大幅減少。但如果與現在間隔的時間較長，效用減少的幅度會漸趨平緩。這就是時間影響效用的第三個例子。

明天的蘋果和一年後的蘋果

我們來觀察一下購買新成屋的購屋者。由於最近經濟形勢好轉，房屋的需求量大增。很多新建案在施工之前，就已經簽訂了購屋協定。人氣高的社區甚至由於購買者眾多，需要抽籤才能買到，有些人想買也買不到。但是，購屋者支付訂金之後，至少還得等一年才能交屋。

另一種情況下，比如我們在一間家庭餐廳，點餐之後過了二十分鐘都還沒有上菜，這時我們肯定會催促快點上菜。

可是，即使是在餐廳點餐後連二十分鐘都等不及的人，也願意為了房子等上一年甚至更長的時間。

如前文所說，現在是最重要的時間點，即使消費的時間點稍微延遲，我們也會感到很大的損失。而另外卻有報告指稱，高價商品的效用，並不會因為消費時間點與現在的間隔大幅減少。

購買房屋、汽車等高價商品時，需要稍稍等待一段時間才能獲得，並不會使我們感到痛苦。但是購買便宜的商品時，我們卻不允許有絲毫的延遲。也就是說，便宜的商品，其折現率要大於高價商品。

行為經濟學家理查・塞勒（Richard Thaler）曾說過下面一段話：「在『明天得到兩個蘋果』和『今天得到一個蘋果』兩個選項中，選擇『今天得到一個蘋果』的人，卻在『一年後得到一個蘋果』和『一年零一天後得到兩個蘋果』中，選擇『一年零一天後得到兩個蘋果』。」

時效和收益，哪個更重要

透過前文的幾個例子我們了解到，根據選取的時間軸不同，我們對於效用的相關判斷也會發生改變。在總結本章內容前，讓我們先來思考兩個問題。

保險問題

有兩款人壽保險，期滿時皆可以領回所繳交的保費。A保險是十年期滿後，可以領到三千萬日圓，B保險是十一年期滿後，可以領回三千一百萬日圓。您會選擇哪一個？

汽車問題

在中古車行找到了之前想要的汽車。雖然三百萬日圓的價格比預期的要高，但還是毫不猶豫地購買。然而，據車行表示，還有另一個人也想要購買，雙方幾乎是同時決定購買的。車行說：「一個月後會再進同款車。你願意等嗎？」若願意的話，將會免費贈送價值十萬日圓的導航系統。您會接受車行的條件嗎？

大多數人應該都會選擇「三千一百萬日圓的B保險」和「支付三百萬日圓，無論如何也要在今天領車」。

但是，按照金融理論的公式，比如，以百分之五的折現率計算各自現金流量的現值，會發現A保險的現金流量現值更高，一個月後領車並享有免費安裝汽車導航系統的方案更加划算。

儘管如此，大多數人還是選擇了相反的選項。原因在於，保險屬於「未來的效用」，適用較低的折現率，所以未來現金流量的大小常常會成為判斷的依據。如果我們現在正打算買車，就會認為一個月後屬於「不久的將來」，這時就適用較高的折現率，所以現在就購買比較划算。另外，購車的金額低於保險的金額。因此，支付金額的大小，也是判斷「何時購買」的重要依據。

買車之後就會想立刻開上路，買了衣服之後就會想馬上穿上。這是人之常情。有時我們即使知道下週就有打折促銷，可以用三折的價格買到，但止不住喜歡的衝動，還是會立即以原價買下來。

現在是最重要的時刻

將人們對於時間和效用的習慣綜合起來看，就會發現，在一般情況下，人們過度傾向重視現在，使得近期未來的現金流量的效用大幅減少。

對於中期，我們能夠利用折現率推算出未來現金流量帶來的效用，這裡的折現率是根據風險大小得出的。但如果時間是遙遠的將來，我們就會意識到自己生命有限，進而選擇較高的折現率。

年輕人能夠正確看待遙遠未來的現金流量帶來的效用，而同樣的現金流量給當下的老年人帶來的效用就要明顯低很多，並且隨時間的推移驟降。老年人看上去特別豁達，可能就是因為對於金錢不過分執著。關於現金流量和人生的關係，本書會在第七章再次論述。

第四章

錢包裡的「歪曲硬幣」

——機率的錯覺

我們不可能時時刻刻都根據合理的判斷來購物。談到消費，我們有時候並不會考慮效用，經常因衝動而買下一些並非迫切需要的商品。

那麼我們在投資時又會如何呢？投資行為在獲得資產增加的同時，也伴隨著現金流量的不確定性（風險）。由於我們無法對不確定性進行判斷，有時候也會造成投資失敗。

如果說到投機（賭博），更是會有人因為過於沉迷其中而傾家蕩產。

本書在第三章曾提到，無法進行合理判斷的原因之一，就是我們還沒有找到一個能夠將時間因素結合起來判斷的方法。正如前文所說，年齡、環境的不同，人們對時間的感受也會有所改變。即使對同一個人來說，時間的長短也會因情境變換而不同，從而引起現金流量效用的複雜變化。

而且，在你的錢包中還時常會有迷惑你判斷的「歪曲硬幣」。一般來說，丟擲一枚硬幣，正反面朝上的機率應該各是百分之五十。「歪曲硬幣」只有正面會朝上。這枚硬幣讓你產生一種錯覺：「如果丟擲硬幣，一定都是正面朝上」或者「目前為止一直是正面朝上，下一次應該會是背面朝上了吧」。本章，我們就來具體介紹幾個「歪曲硬幣」的例子。

這張彩券值多少錢

我們來思考下面這個遊戲。在一場賭徒的聚會上，參加的一百名會員決定玩一個遊戲。

- 每個會員支付一萬日圓的參賽費。
- 向一百個人發放一到一百號的號碼卡。
- 箱子中放有編號一到一百號的球。主辦人的助手會從箱子中隨機抽出一顆。
- 持有與助手抽出的球號碼相同號碼卡的人，可獲得一百萬日圓的獎金。

到目前為止，遊戲還非常簡單。接下來，我們稍稍改變一下宣布中獎號碼的方法。改由主辦人依次宣讀未中獎號碼，逐一排除中獎人選。

非常遺憾，在宣讀第三十個未中獎的號碼時，你的號碼就被叫到了。之後主辦人繼續宣讀，最終只剩下二十號和八十一號兩個號碼。

這個時候，你旁邊的男人晃著手中的二十號卡片，向你提議說：「在最終宣讀中獎號碼之前，我可以把這張二十號賣給你。」他開價十萬日圓。你會答應這筆交易嗎？

獎金為一百萬日圓，剩下的號碼只有兩個，二十號中獎的機率是百分之五十，所以它的期望值應該就是五十萬日圓。可以用十萬日圓買到價值五十萬日圓的卡片，應該是筆划算的交易。這樣一想你覺得可以答應他的提議。

但事實果真如此嗎？實際上，你和他交易所得到的期望值並不是五十萬日圓。如果你高高興興地付了十萬日圓，就落入了這個男人準備好的陷阱裡。

中獎號碼在一開始就由助手選出，主辦人也知道中獎號碼。這時從一號到一百號，每張卡片中獎的機率都是百分之一。也就是說，中獎號碼是二十號的機率也是百分之一。

雖然主辦人一直在宣讀未中獎號碼，但中獎號碼從一開始就是確定的，所以在宣讀過程中，二十號中獎的機率並不會發生改變，只是由於某種偶然的原因，二十號才留到了最後兩位。

中獎機率為百分之一，獎金為一百萬日圓時，二十號卡片的期望值就變成了一萬日圓，與最開始時繳納的一萬日圓參加費用相同。花十萬日圓去買這張卡片，其實是吃了大虧。

如果有人還是無法理解，我再說明得更清楚些。拿著二十號卡片的男人和主辦人認識，如果他對主辦人說「即使我的卡片沒有中獎，也希望你可以把它留到最後宣讀」，這時情況會如何呢？由於並未對中獎號碼做手腳，主辦人這樣做不會有任何罪惡感，於是在不知道這個男人的小把戲的情況下答應了他的請求。

然後，那個男人只要找一個容易上當的冤大頭就可以了。而你正好運氣不佳，成了他的「中獎彩券」。

我們試著改變一下規則。助手從箱子裡逐一取出號碼球，最後剩下的就是中獎號碼。如果遊戲規則變成這樣，情況又會如何？這種情況下，第一次取出號碼球時你的中獎機率是百分之一，但隨著未中獎號碼的增加，你的中獎機率會逐漸升高。

如果最後兩個球中有一個是二十號，那麼它中獎的機率就是百分之五十。期望值就是五十萬日圓，因而這時花十萬日圓買下二十號卡片就是可行的。乍看之下這兩種方案好像是相同的，但改變規則之後，實質上已經截然不同。

世界上有很多這種利用機率的錯覺進行詐騙或從事商業活動的例子。我們要認知到，大多數時候，突然有人打電話通知你「你被選中了」的時候，除了你之外的很多人也同時「被選中了」。

人們不擅長機率

正如前文所說，我們很難正確掌握機率。錢包裡的「歪曲硬幣」，其實就是我們對於機率的誤解。

人的大腦雖然可以推算出合理的機率，但最終還是會相信自己的直覺，落入別人的圈套。而使用了錯誤的機率，結果就會錯誤判斷商品或服務的價值。

即使是確立了歐幾里得幾何學（Euclid Geometry）的古希臘人，也沒能發展機率論。古希臘人認為，將來發生的一切都取決於神的意志，他們沒有「偶然」這個概念，認為所有的一切都是必然。

古希臘人也賭博，但沒有骰子。他們用動物骨頭（多為距骨）製成的「astragalus」代替骰子進行占卜。「astragalus」是不規則的六面體，它和正六面體的骰子不同，無法事先得知擲出點數的機率。或許，正是因為古希臘人使用不規則的六面體，才沒能發展出機率論也不一定。

但我們並不能說現代人比古希臘人在機率方面有所進化。即使是現在，也很少有人能對機率抱持理性看法。到頭來，我們的錢包裡也有像「astragalus」一般的「歪曲硬幣」，它常常使我們將理性推估出的機率也歪曲了。

人們不擅長機率，有一種解釋是因為現實中的事實是獨一無二的。機率論能從各種樣本中推導出一定的比例，但現實中，很多時候我們只能嘗試一次就會產生結果，根本沒有「再試一次」的機會。

有一些在前線奮戰的士兵，所屬部隊全軍覆沒，獨留他們一人生還，這些人在今後的人生中，都會認為「自己是受神眷顧的特別之人」。人們會有一種傾向，會將偶然當作命運，以此來發掘某種特殊的含義。

機率論可以說是一門「神之視角」的學問。每個人在神看來，都不過是眾多樣本中的一個。但是，對於我們自己來說，很難客觀地將自己當作樣本來看待。

即便如此，我們也想盡可能地提前知道機率，或是提前知道未來現金流量的期望值（均值），這是聰明使用金錢必不可缺的要素。

前文曾說，投資或投機對象的價值，是由現金流量決定的。正確說來，是由「現金流量的期望值」決定的，因為現金流量必定伴隨著不確定性（風險），如果知道機率，就可以利用下列公式計算期望值。

投資或投機對象的價值＝現金流量的期望值＝機率×未來現金流量

賭博就是提前知道發生機率的典型例子。擲骰子時，每個點數擲出的機率都是六分之一。我們假設，擲出某一個點數就可以獲得該點數十倍的獎金，則此遊戲的價值（現金流量的期望值）可以透過下列公式推導出來。

遊戲價值＝1/6（機率）×（10日圓＋20日圓＋30日圓＋40日圓＋50日圓＋60日圓）＝35日圓

如果參加這個遊戲的費用少於或等於三十五日圓，我們就可以參加。實際上，賭局的莊家為了賺錢，往往會收取較高的參加費用，同時會把遊戲的價值（獎金數額）壓得更低。

你的直覺正確嗎

因為歪曲硬幣而導致機率推算出錯的例子有哪些呢？接下來我們就來介紹幾個。大家可以試著想想自己能否做出理性的判斷。

假設你參加了電視知識競賽節目，並且大獲全勝。在你面前擺放有A、B、C三個保險箱，其中一個裝有一百萬日圓獎金。製作單位要求你從中選擇一個保險箱，你選擇了A。

主持人盯著你的臉說道：「我們首先來打開B保險箱。」接著在全場觀眾的注視下打開了B保險箱。其中什麼也沒有，你暫時鬆了口氣。

然後主持人開始問你：「你確定選A嗎？要的話也可以換成C……」

是否應該聽從主持人的提議呢？

你根據直覺判斷，一百萬日圓不是在A保險箱就是在C保險箱，無論是否更改選擇，期望值都不會改變。

但實際上，換成C保險箱後獲得一百萬日圓的機率是堅持選A保險箱的兩倍。

原因是，在B保險箱打開前和打開後，A保險箱中放有一百萬日圓的機率都是三分之一，不會發生改變，期望值都是三十三萬日圓。

另一方面，在B保險箱打開前，一百萬日圓放在B或C保險箱中的機率是三分之二。但是在弄清楚B保險箱中沒有獎金的瞬間，C保險箱中有一百萬日圓獎金的機率就變成了三分之二，選擇C保險箱時的期望值就是六十六萬日圓。和繼續選擇A保險箱相比，期望值增加了一倍。

所以，有時候只依靠直覺，可能會錯過好不容易得來的機會。

關於機率的錯覺根深柢固

「蒙提霍爾問題」是非常有名的機率問題。前文中提到的「這張彩券值多少錢」就是出自這個問題。

提出「蒙提霍爾問題」的蒙提・霍爾（Monty Hall）是一名電視節目主持人，在他的節目《我們成交吧》（*Let's Make a Deal*）中，有和上述例子幾乎相同的環節。

關於這個問題，《大觀》（*Parade*）雜誌人氣專欄〈請問瑪麗蓮〉（Ask Marilyn）的作家瑪麗蓮・沃斯・莎凡（Marilyn vos Savant）寫道：「交換保險箱比較有利」。瑪麗蓮的智商高達二百二十八，是金氏世界紀錄所認定智商最高的人。針對她給出的答案，很多人批判道「她說錯了」，這當中還包含不少有名的數學家。

關於這個兩難問題，我們已經知道瑪麗蓮的說法是正確的，但應該還是會有許多人，即使讀了上述解釋，在理解其中道理的同時，直覺上卻還是無法認同，總覺得哪裡怪怪的。

我自己在提出「這張彩券值多少錢」的問題時，也有一些混亂。可見關於機率的錯覺在我們心中是多麼根深柢固。

人們總是選擇遺忘先驗機率

下面來看另外一個例子。假設你夢想成為一名演員，並為之努力了十年，但仍然一無所獲，不知道什麼時候才能熬出頭。你得知某部電影要透過選秀會徵選角色，認為這是自己最後的機會，於是決定去試鏡。

你事前接到通知，包含主角、配角在內，被選中的機率是千分之一。

如果這次落選，你打算回老家，找家公司去上班。實際上，你已經收到了一家公司的錄取通知，只需要在明天結束前給出回覆就可以了。就在你等待試鏡結果的時候，收到了電影公司的郵件通知。

幸運的是，郵件裡寫著「合格」兩字。你正打算開一個盛大的慶祝派對的時候，又收到了一封電影公司的郵件，上面寫著：「我們已經將結果通知了所有參加試鏡的人員，但是有百分之一的參加者收到的結果是錯誤的。正確結果將於後天再次通知大家。」

明天你必須向收到錄取通知的公司做出答覆。在收到正確結果前，你就必須做出決斷。試鏡合格的通知，正確的機率為百分之九十九。那麼，自己收到的合格通知恐怕也是正確的。抱著這樣的想法，你拒絕了錄取的工作。

這樣的決定是否聰明呢？

實際上，你應該悲觀一些。後天，你收到「正確結果是不合格」這種壞消息的可能性會在百分之九十以上。

為了方便計算，我們假定參加試鏡的人正好是一萬人。合格的機率是千分之一，也就是說，只有十個人合格。在收到通知的一萬人中，收到錯誤通知的人有百分之一，即一百人。

合格的機率只有千分之一，我們假設這一百人明明沒有合格卻收到了合格通知。那麼，收到合格通知的人就包括真正合格的十人和沒有合格的一百人，共計一百一十人。

因為其中只有十個人真正合格，一百一十人中剩下的一百人都不合格，所以你收到壞消息的機率為百分之九十．九。

在這個問題中，有一個「先驗機率」，即一千人中只有一人合格。但是，你得知了另一個資訊：有百分之一的人收到了錯誤通知，於是被百分之一的機率迷惑，而忽略了先驗機率。

這樣的例子還有很多。二〇〇一年美國在多處同時發生恐怖攻擊事件，其中有三千多人喪生。更加不幸的是，事件發生後，還有許多人因為間接原因失去生命。恐怖攻擊事件之後，許多美國人放棄乘坐民航飛機，而選擇了自駕。因此，二〇〇一年十月至十二月期間，美國全境因汽車事故死亡的人數，與前一年相比，約增加了一千人。

許多人都知道，飛機事故的發生機率要遠遠小於汽車事故。但是，恐怖攻擊事件引起的空前恐懼感，將這個先驗機率從人們的大腦中抹去了。

看似相同，實則迥異的遊戲

接下來，我將介紹兩個猜顏色的遊戲。你認為哪一個遊戲對自己較有利呢？兩個遊戲非常相似。首先，在一個箱子（甲箱子）中放入數量相同的黑白兩色圍棋棋子，你閉著眼睛從甲箱子中任意取出一枚棋子，放入準備好的另一個小箱子（乙箱子）中。然後，重複剛才的動作，再從甲箱子中取出一枚棋子放入乙箱子。於是，乙箱子裡現在有兩枚棋子。

在這個條件下，來進行第一個遊戲，你可以向遊戲主辦人提問。你問道：「乙箱子中有白棋子嗎？」主辦人回答：「有。」然後從乙箱子中取出一枚白色棋子。你拿出一萬日圓賭剩下的另一枚棋子也是白色的。如果你贏了，會得到兩萬日圓，輸了就損失一萬日圓。

而另一個遊戲，你可以請求主辦人：「請讓我看一下第一次放入乙箱子的棋子。」主辦人取出的棋子是白色的。你拿出一萬日圓，賭乙箱子裡剩下的另一枚棋子也是白色的。如果你贏了，會得到兩萬日圓，輸了就損失一萬日圓。

直覺上，這兩個遊戲似乎完全相同。但實際上，這是兩個完全不同的遊戲，而且選擇第二個遊戲對你更為有利。

接著我來解釋一下原因。在兩個遊戲中，你放入乙箱子的棋子有以下四種組合方式。

A　第一次　白／第二次　白

B　第一次　白／第二次　黑
C　第一次　黑／第二次　白
D　第一次　黑／第二次　黑

第一個遊戲中，因為主辦人承認「乙箱子中有白棋子」，所以棋子組合方式是A、B、C的其中一個。在這三種組合中，另一枚棋子也是白色的機率是三分之一。

在第二個遊戲中，第一次放入乙箱子裡的棋子是白色的，則棋子組合方式只能是A或B的其中一個。因此，第二次放入的棋子也是白色的機率為百分之五十。而第一個遊戲中，機率只有百分之三十三。

前文介紹「蒙提霍爾問題」時也提到，人們在一決勝負（機率為百分之五十）時，會對機率產生錯覺。原因不是很清楚，可能是因為我們不擅長掌握所有可能發生的事件。

說得極端一點，我們只聽到丟擲硬幣，就會主觀斷定正面朝上的機率是百分之五十。但是，丟擲出去的硬幣可能掉進路邊的水溝裡，也可能在落到地面之前就被烏鴉叼走了。這些意料之外的情況也時有發生。

要提前理性預期所有的事件，是非常困難的。我們無法想像世界上還會發生什麼，卻總是在事情發生前，過分武斷。

對均值回歸的誤解

丟擲五次硬幣，全部正面朝上。下一次丟擲硬幣時，你會賭正面朝上還是背面朝上呢？認為應該是背面朝上也是人之常情。

在觀看棒球比賽時，安打率為百分之三十的打擊手在三打席出局後，再度登板打擊。因為此打擊手的安打率是百分之三十，我們會認為在這一次出場他應該會打出安打。

但是，下一次丟擲硬幣，正面朝上的機率還是百分之五十；安打率百分之三十的打擊手在下一次出場擊出安打的機率也只有百分之三十。

如上所述，我們常常會因為只觀察少數的幾個樣本而產生錯覺。以丟擲硬幣為例，在包含無數次丟擲硬幣結果的樣本中，正面朝上和背面朝上的結果各占一半。這叫作大數法則，樣本數愈多，愈接近理論值。

丟擲五六次硬幣，應該有一半正面朝上，所以連續扔五次都是正面朝上的時候，我們就會認為第六次會是背面朝上。這叫作小數法則，也被稱為賭徒謬誤。

賭徒謬誤（小數法則）被認為是人們誤解「均值回歸」的原因之一。均值回歸是指，當前一次的數據和平均值差距較大時，下一次的數據會比前一次更接近平均值。

我們以丟擲硬幣為例來說明。丟擲十次硬幣都是正面朝上時，正面朝上的機率就是百分之百。再接著丟擲九十次（合計丟擲一百次），會出現多少次正面朝上的結果呢？

我們已經強調過很多次，即使先擲的十次中，正面朝上的結果較多，也並不表示剩下的九十次中，更容易出現背面朝上的結果。剩下的九十次中，正面朝上和背面朝上的機率依然是各為百分之五十，不會受到之前十次結果的影響，所以大約會有四十五次正面朝上。這時，和最初十次的結果加在一起，正面朝上的期望值就是五十五次，而不是五十次。

雖然最初的十次中正面朝上的機率是百分之百，和平均值偏差非常大，但是丟完一百次之後再看，正面朝上五十五次，非常接近平均值百分之五十。這就是均值回歸。

但是，很多人會將均值回歸錯誤地理解為「對於一個我們期待的結果，如果這一次出現了一定程度的偏差，下次一定會出現與這次相反的結果」。因此我們就會產生這樣的誤解：「前十次正面朝上的次數較多，剩下九十次中會比較容易出現背面朝上的結果。」

二〇一三年，職棒球隊樂天戲劇性地在中央聯盟奪冠。二〇一四年，卻在太平洋聯盟排名最後。這並不是均值回歸。根據樂天過去的排名，平均值應該是第三名。如果我們將在中央聯盟中奪冠看作是一個偏離平均值的結果，那麼在第二年的比賽中，樂天獲得第三名才是均值回歸。掉到最後一名，也可以說是一個差距較大的結果。

順道一提，查閱二〇一四年太平洋聯盟中其他五支隊伍的成績，會發現二〇一三年和二〇一四年的結果截然相反。西武從第二名跌至第五名，羅德從第三名跌至第四名，歐力士從第五名升至第二名。這也可以叫作過度「均值回歸」。

在我們面對的機率陷阱中，賭徒謬誤是最具誘惑力的一個。「一直輸到現在，也差不多該贏了吧」的這種想法實乃人之常情，甚至看上去儼然真理。但是，就算連續十次丟擲硬幣都是正面朝上，下一次正面朝上的機率依然是百分之五十。

抽一百張中獎率都是百分之一的獎券

我在讀小學低年級的時候，住家附近的雜貨店經常會賣一種獎券，一張十日圓，獎品是當時很熱門的動畫角色的塑膠玩偶。

我特別想要那個玩偶，於是問雜貨店的老闆：「這些獎券裡大約有多少是中獎的獎券呢？」老闆回答說：「一百張獎券裡有一張會中獎。」

雖然無法確定老闆的話是否正確，但我幼小的心裡想著的是：「如果買一百張獎券，一定可以抽中玩偶。」

考慮了一個晚上後，我拿出自己的積蓄，花一千日圓抽了一百張獎券。然而結果非常殘酷，只抱回了一堆口香糖和巧克力。

長大之後再回想這件事，才發現當年的如意算盤實在是打錯了。中獎率為百分之五十的獎券，即使抽了兩張，中獎率也不會變成百分之百。

這種情況下的中獎率是百分之七十五。抽兩張獎券，一張也沒有中獎的機率是百分之五十與百分之五十的乘積，即百分之二十五。百分之百減去百分之二十五為百分之七十五，這就是兩張獎券至少一張中獎的機率。

那麼，當中獎率為百分之1÷X時（假設抽X次獎券），如果X逐漸增加，至少有一次中獎的機率會怎樣變化？

中獎率為百分之十的獎券抽十次，我之前挑戰的中獎率百分之一的獎券抽一百次，中獎率為百分之〇・一的獎券抽一千次，這三種情況下，至少有一次中獎的機率會如何變化？

即使是成年人，對於這個問題也很難憑直覺得出正確答案。我在教成年人金融課程時，多次向來上課的學生提問過這個問題。其中，回答「至少抽中一次的機率會逐漸接近百分之百」的學生占全體的八成，回答「完全沒有變化」的有一成，剩下一成的學生回答「逐漸減少」。

解答此問題的算式為：$1-(1-1/X)^{X}$。此算式中的X逐漸增大，結果會逐漸趨近百分之六十三・二。這才是正確答案。

即使我們長大成人，關於機率的直覺也依然沒有改善。與小數點後面跟著好多位數、絕對值較小的機率相比，人們很容易被後面跟著許多個零的試驗次數吸引注意力。另外，人們對於數字的感覺還會受到絕對值的影響。

交換信封的兩難推理

除了機率，我們在求平均值時也會產生錯覺。下面透過兩個例子來解釋說明。

在你的眼前有兩個信封。信封中都裝有現金。你事前已經知道，其中一個信封中的錢是另一個的兩倍。

你和另一個玩家相對而坐，各自選擇一個信封。所選信封中的錢就屬於自己。你打開自己選擇的信封，裡面是一萬日圓。另一個玩家也打開信封確認了裡面的金額，然後緩緩地對你說：「我可以和你交換信封。」你應該同意他的提議嗎？

我們先來考慮一下期望值。你的信封中裝有一萬日圓，那麼對手的信封中應該是兩萬日圓或五千日圓，機率各為百分之五十，期望值即為一萬二千五百日圓。

如果你答應交換信封，就需要投入已經到手的一萬日圓，賭一把一萬二千五百日圓的期望值。這看上去是很划算的賭局。

上述想法究竟是否正確呢？答案是並不正確。

我們站在對方的立場來想想看。為什麼對方會提議交換信封呢？因為對方也和你一樣在計算期望值。

假設對方的信封中裝有兩萬日圓，那麼他會認為你的信封中裝有一萬日圓或四萬日圓，期望值是二萬五千日圓，和你交換非常划得來。

如果對方的信封中是五千日圓，那麼他會認為你的信封中裝有二千五百日圓或一萬日圓，期望值是六千二百五十日圓，和你交換同樣非常划得來。

這些計算看似正確，但兩個信封裡裝入的現金總額在開始時就是固定的，並不會發生變化。而且，即使是憑直覺判斷，交換信封後也不可能實現雙贏。

求平均值的方法並不是只有一種。我們經常使用的平均值是算術平均數，方法是「兩者相加再除以二」。與算術平均數相對的是幾何平均數，計算方法是「兩者相乘之後求平方根」。

還有一種計算方法是「求各數據平方的算術平均數，再取平方根」，叫作平方平均數。以上三種都是平均數，但由於計算方法不同，結果也各不相同。

下面，我們將分別用三種方法計算交換信封的期望值（現金流量的平均值）。

算術平均數為1萬2500日圓　（5000＋20000）÷2

幾何平均數為1萬日圓　（5000×20000）的平方根

平方平均數為1萬4577日圓　（5000×5000＋20000×20000）÷2的平方根

信封遊戲如果取幾何平均數，交換現有的一萬日圓後得到的期望值依然是一萬日圓，無論交換與否結果都相同。也就是說，從投資報酬率（幾何平均數）的角度考慮，交換與否結果都相同。在本例中交換帶來的報酬率是○．五或二．○，幾何平均數的報酬率是一．○，與交換前相同。

一般來說，比例如果發生了變化，在求平均數時，使用幾何平均數要優於另外兩種方法。在本遊戲中，如果我們將信封交換後發生的變化作為評斷標準來求平均數，是可以得出合適結果的。

但是，從增加的金額（算術平均數）角度考慮，交換信封看上去更加有利。所以很多時候，我們總是會優先使用算術平均數，憑藉算術平均數的結果進行決策。因為金額的絕對數量更能直接觸動我們的神經。

可是如果要說優先考慮增加金額的人一定會交換信封，其實也並非如此。如果信封中裝有一萬日圓，你可能會交換；但如果裝有一百萬日圓，你還會交換嗎？比起不確定的一百二十五萬日圓，大多數人應該會選擇實實在在的一百萬日圓。關於這個現象，我們會在第五章詳細論述。

比較法系車和日系車的耗油率

我們再看一個容易被平均數迷惑的例子：汽車的耗油率。

最近生產的汽車已經可以即時顯示耗油率了。出於環保的考量也好，很多駕駛也開始選擇高效率、低耗油的汽車。

日本的汽車製造業在開發、生產低油耗車方面，位於世界頂尖水準，而法國的汽車製造業也毫不遜色。

假設你目前正在猶豫該購買日系車還是法系車。

備選日系車在低速行駛時的耗油率是每公升汽油行駛十公里，高速行駛時的耗油率是每公升汽油行駛四十公里。

另一輛備選的法系車無論行駛速度快慢，耗油率都是每公升汽油行駛二十公里。

你平時開車，低速行駛和高速行駛的時間比例大致相等。那麼，你應該購買哪一輛車呢？

日系車耗油率（平均值）為每公升二十五公里，法系車耗油率為每公升二十公里，日系車看起來更好一些。

但如果你住在法國，結果就不同了。原因是法國表示耗油率的方法為「公升／公里」。也就是表示行駛一公里時消耗多少公升汽油。使用這種表示方法，數值愈小的車，耗油率愈低。

讓我們用法國的表示方法重新計算。

日系車低速行駛時，耗油率為：一公升／十公里時為〇．一公升／公里。高速行駛時，耗油率為：一公升／四十公里為〇．〇二五公升／公里。平均耗油率為〇．〇六二五公升／公里。

而法系車的耗油率為：一公升／二十公里行駛速度為〇．〇五公升／公里，由此可見，法系車的耗油率更低。

究竟哪一個結果才是正確的呢？兩種結果都正確。日本的計算方法與法國的計算方法都有各自評判耗油率的標準，「一公升汽油可以行駛多少公里」和「行駛一公里消耗多少汽油」只是不同的評斷標準，爭論孰優孰劣毫無意義。

與機率一樣，計算平均數的方法不同，或是計算時所選擇的標準不同，期望值的優劣也會不同。大多數人不會察覺到這點。下面再舉一個和評斷標準有關的例子。

美元和日圓的匯率，二〇一四年為一美元兌一百日圓，我們假設，一年之後匯率會變為一美元兌二百日圓，也可能是一美元兌五十日圓。

在日本人看來，今天用一百日圓兌一美元，預計一年之後一美元可以兌一百二十五日圓（兩百日圓和五十日圓的平均數），他會認為應該投資美元。

如果站在美國人的立場考慮，今天用一美元兌換一百日圓，一年之後一百日圓可能會變成〇．五美元或兩美元，平均值為一．二五美元，把美元兌換成日圓比較划算。

這也是因為「一美元可以兌換多少日圓」和「一日圓可以兌換多少美元」是兩種不同的評斷標準，按美國人的評斷標準得出的結果和按日本人的評斷標準得出的結果不同，是完全有可能的。與機率一樣，計算平均數的方法不同、計算時所選擇的標準不同，期望值的優劣也會不同。大多數人都不會注意到這種差異。

那麼，站在日本人的角度思考，真的應該投資美元嗎？正確答案是：「如果不考慮個人的風險偏好和風險收益平衡，就無法得出正確的答案」。關於這一問題，本書將在接下來的兩章繼續論述。

第五章

明知不可能中頭獎還一直買彩券的理由

——判斷的習慣

從猿猴進化成人之後，我們雖然開始使用金錢，但還沒能聰明、熟練地運用它。改善這種狀況就是本書的主題。

在第二章中提到，綜合考慮將來能夠得到的現金流量的期望值及其不確定性（風險）後，得出的折現率（利率），可以用來計算價值。當現金流量為永續年金時，可以用現金流量的金額除以折現率得到現金流量的現值。

比較麻煩的是，有些因素會對這個公式產生干擾。例如第三章中提到的「把握時間的方法」，第四章中提到的「歪曲硬幣」（缺乏機率和平均數相關的知識）。而且，人類還有著「明知不可為卻偏偏要去做」這種與生俱來的「習慣」，它也會影響我們做出理性的判斷。

這裡所說的習慣，是指受到人類心理影響的行動。有一門研究它的學科，叫作行為經濟學，它與金融理論是完全不同的兩個學科。下面讓我們透過幾個例子，對習慣進行一些思考。

參與人數最多的賭博是什麼

受到這幾年經濟蕭條的影響，我們花在賭博上的錢減少了，賭博活動的營業額也因此日趨減少。

日本最大的賭博項目是柏青哥，一九九五年整年的營業額就高達三十兆日圓，但二〇一一年時只有十九兆日圓。賭馬在一九九七年時的營業額為四兆日圓，二〇一二年下滑至兩兆三千億日圓。和巔峰時期相比，柏青哥下降了百分之三十七，賭馬下降了百分之四十二。

但是，也有個別賭博活動幾乎沒有受到經濟蕭條的影響。那就是彩券。二〇〇五年彩券的年銷售額為一兆一千億日圓，創下歷史最高紀錄，之後年銷售額雖然有所減少，但即使是最差的二〇一〇年，年銷售額也僅僅下滑至九千一百億日圓，與巔峰時期相比，僅下降了百分之十七，還不到柏青哥和賭馬降幅的一半。

而且，在參與人數方面，彩券也是無人能敵的。二〇一〇年，有購買彩券習慣的人數為五千七百萬人，比日本十八歲以上人口的一半還要多。至少購買過一次彩券的人數達到總人口數的百分之七十五。

與此相對，柏青哥的參與人數在二〇〇四年達到巔峰，為三千一百六十萬人。到二〇一二年，減少了幾乎一半，僅為一千二百七十萬人。參與賭馬的人口數據尚不齊全，但參與者大都為常客，實際上應該在幾百萬人左右。

所以，在參與人數方面，彩券獲得了壓倒性勝利，保住了國民博弈活動的龍頭地位。接下來我們分析一下為什麼彩券如此強大。

我在此提前聲明，下文的論述，並不打算討論購買彩券的對錯。選擇彩券，只是把它作為一個例子，來解釋影響投資和投機判斷的行為習慣。是否購買彩券是個人的自由。

彩券並不划算，為什麼還能賣出去

購買彩券已經成為你生活中的一種習慣，為了得到頭獎的三億日圓獎金，你購買了十張連號的彩券。一張彩券三百日圓，十張就是三千日圓。為了三億日圓獎金而花費三千日圓購買彩券是不是合理的行為呢？

彩券頭獎的中獎機率是千萬分之一，包含前後獎[6]在內，中獎機率為千萬分之三。也就是說，頭獎的期望值是三億日圓的千萬分之一，即三十日圓。和期望值相比，一張彩券三百日圓的價格的確很高。

即使不單計算頭獎的中獎率，而是對所有獎項的中獎率計算平均獎金，金額也只是在一千四百至一千五百日圓之間。因為日本法律規定，彩券的中獎率不能超過百分之五十。

6　前後獎：日本彩券獎項中，頭獎號碼的前一號及後一號的獎項。

和彩券相對，公營賭博（地方賭馬、賽艇、自行車賽、摩托車賽）的中獎率是百分之七十四．八，比彩券要有良心得多。

購買彩券的人恐怕也意識到彩券是種不划算的賭博。即便如此，彩券還是持續販賣中。人們為什麼會買彩券呢？

可以買到夢想的賭博

先不說我們有沒有意識到，但是只要我們一看見彩券，就會掉入「明知會遭受損失，還是讓人不由自主去購買」的陷阱中。

第一個原因是頭獎的獎金。頭獎獎金一直持續在膨脹。最開始，每張彩券的中獎金額上限是彩券面額的二十萬倍。一九九八年，改為彩券面額的一百萬倍，二〇一二年時提高至彩券面額的二百五十萬倍。

一九四五年第一次發行彩券時，頭獎的獎金只有十萬日圓，到二〇一二年時，已經上漲為六億日圓（頭獎四億日圓和頭獎前後獎各一億日圓）。

現在的主流趨勢是頭獎兩億或三億日圓。看到這個數字你聯想到了什麼？沒錯，是所有上班族一生薪資的平均數。

三億日圓足夠使人們的種種想像變為可能。很多人都會想「假如我有三億日圓，就辭掉工作，搬到鄉下生活，做做自己喜歡的陶藝」，或者「我要買下憧憬已久的高級住宅，用剩下的錢優雅地生活，工作隨便做做就好」。

如果頭獎的獎金還保持在一九四七年的水準，僅僅是一百萬日圓，情況會如何呢？即使中獎率大幅提高，也不會像現在這樣受歡迎。

反過來，如果頭獎的獎金定為一百億日圓又會怎樣呢？對於普通人來說，一百億這個金額非常龐大。我們仍能想像得到一百億日圓後的生活。也就是說，三億日圓和一百億日圓帶來的效用（滿足程度）並沒有太大差距。兩者都是如果能中獎，「會高興得難以置信」這種程度的金額。

況且，上班族一生的薪資總額自一九九三年開始緩慢減少，三億日圓的分量也就逐漸增加。

彩券和其他賭博最大的不同在於獎金絕對值之差。只有彩券是以能夠一夜致富為目標的賭博。

買彩券時，映入我們眼簾的資訊是：頭獎獎金三億日圓只需要一張三百日圓的彩券。我們知道，如果中了頭獎，三百日圓就會變成三億日圓。一想到由此獲得的效用，就會忽視中獎率只有千萬分之一的事實。

另一方面，買了彩券沒有中獎也就損失三百日圓，買十張也才三千日圓。於是，我們就不會在意購買彩券的不確定性（風險）。

「幾乎為零」並不等於零

在第四章中，我們說明了正確估計機率非常困難。在購買彩券上，我們也很容易發生機率上的錯覺。

許多人都知道，頭獎的中獎機率非常小，可以說「幾乎為零」。但是，「幾乎為零」是需要非常注意的一句話。「幾乎為零」並不是零，與之相反，「幾乎確定」也並不確定。

行為經濟學大師丹尼爾．康納曼（Daniel Kahneman）提出的理論中，有一種解釋說道：「人們對於較低的機率會反應過度，對於較高的機率則會反應不足」。按照這個理論思考，人們會高估頭獎中獎率這個幾乎為零的機率，低估不中獎這個很高的機率。

汽車的事故率要比飛機事故率高出幾百倍，但人們在乘坐汽車時幾乎從不考慮會發生事故，而乘坐事故率低的飛機時卻很害怕。此時，人們也是對飛機發生事故的機率反應過度。

康納曼主張，人們感受到的機率和數學上追求的理論值完全不同。人們感受到的主觀機率和理論值的差別，與事件發生後造成影響的大小有關。如果頭獎獎金為十萬日圓，人們完全可以冷靜判斷中獎率；但獎金為三億日圓時，我們主觀上的認定機率就會產生偏差。

康納曼和他的朋友阿摩司．特沃斯基（Amos Tversky）透過各種實驗，得出了利用理論機率計算主觀機率的公式。

根據這個公式我們可以知道，當理論機率在百分之三十五以下時，主觀機率高於理論機率；當理論機率在百分之三十五以上時，主觀機率低於理論機率。這和前文所說的「人們對於較低的機率會反應過度，對於較高的機率則會反應不足」是相關的。它被稱為「機率加權函數」。

將彩券頭獎的理論中獎率千萬分之一代入康納曼的公式，計算後可知，感覺自己會中彩券頭獎的主觀機率為百分之〇．〇〇二八一，是實際機率的二百八十一倍。

即使理論機率是千萬分之一，我們每次買彩券時，可能會想著「說不定幸運女神會對著我微笑」，感覺自己會中獎的機率是實際機率的二百八十一倍。

機率論原本是基於「神之視角」的學問。就理論上計算從無數的樣本中可以選擇哪一個樣本。但是，如果自己是樣本中的一個，思考問題時就會失去「神之視角」，變得以自我為中心。

機率加權函數圖

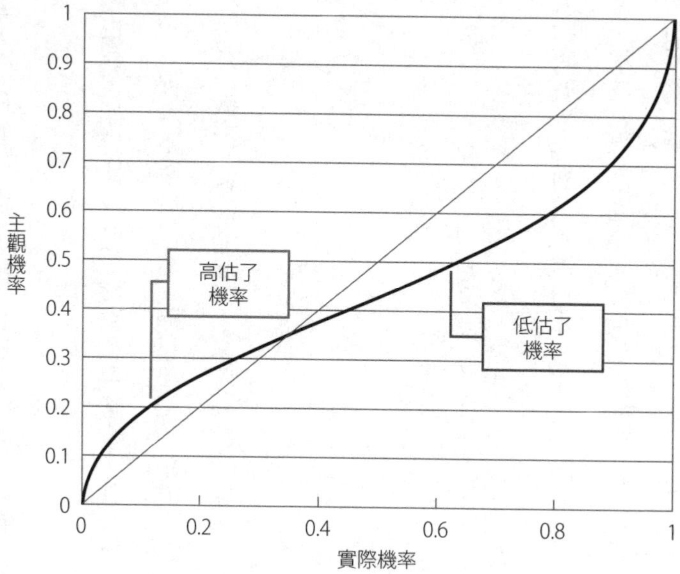

因為自己就是人生的主角。即使別人中了三億日圓，也不會對我們自己的人生有任何影響。

順道一提，火災保險也好，人壽保險也罷，如果比較發生機率和保險金，就會發現它們的價格設定都比較高。嚴格來說，買保險不屬於投資，而是投機。這時，我們對自己遭遇災禍的機率反應過度。從發生機率的角度考慮，支付高額的保險金後，我們會得到內心安定的效用。

這一次也不一定

我們在前文中曾提到，購買彩券的人數有五千七百萬，占日本成年人口總數的一半以上，但還有更值得我們注意的數據。根據彩券活性化研究會提供的資料，每月購買彩券多於一次的「彩券迷」有一千四百萬人。

這裡就存在著本書第四章解釋過的關於機率的錯覺。例如，設想有一個人在過去三十年中，每年都購買年末大獎彩券，但從未被幸運之神眷顧。他可能會這樣想：「我至今為止一次獎也沒中過，所以中獎機率差不多該提高了吧。」

但是，根據為數不多的彩券購買次數，中頭獎的機率並不會因沒中過獎而有所增加。正如第四章提到的，中獎率為千萬分之一的彩券即使購買了一千萬次，頭獎的中獎率最高也只是百分之六十三．二。

彩券極低的中獎率反而是吸引彩券迷的原因之一。例如，假設在丟擲硬幣遊戲中，連續出現一百次正面朝上，這時應該沒有人會老老實實根據大數法則認為「之前的結果和下一次的結果無關，下一次丟擲硬幣正面朝上和背面朝上的機率也是各占百分之五十」，而是會覺得硬幣被動了什麼手腳，讓硬幣只能正面朝上。

但是，因為彩券中獎率極低、不中獎理所當然，即使連續揁龜一千次，我們也不會感覺有任何不合理。而是會認為「下一次就會中獎了吧！」接著繼續挑戰。

還有一點，在彩券迷的腦海中，或許還惦記著過去買彩券花費的金錢。他們會覺得「已經花出去了一百萬日圓，我要繼續買到回本為止」。

在投資時，這一百萬日圓被稱為「沉沒成本」（Sunk Cost）。沉沒成本不會再回到你手中，也不會對下次投資造成任何影響。

人們在面對損失時，有時甚至會故意冒風險。我們會認為反正也是輸了，即使再稍稍多輸一些，只要有一次能中獎，一切就都有回報。不只購買彩券是這樣，這種想法也是人類陷入賭博的最大原因。

價格相同的香檳和威士忌哪一種更划算

康納曼還提倡「邊際效用遞減法則」（Law of Diminishing Marginal Utility）。即我們感受到的滿足程度的變化量，隨著獲利或損失的增加而遞減。

人們在獲得利益或遭受損失時，實際感受到的「滿足程度」用心理價值函數圖表示如下圖。在心理價值函數圖中，無論是獲利還是損失，愈接近左右兩端，圖像的曲線傾斜程度愈小。

在參與賭博時，獲得一萬日圓時的喜悅和獲得十萬日圓的喜悅，可能相差了近十倍。但獲得一百萬日圓時的喜悅和獲得一百一十萬日圓時的喜悅，恐怕就沒有太大差別。

假設在你面前有一杯斟滿的高級香檳。酒一入口，醇厚的香氣和清爽的口感就在你口中

心理價值函數圖

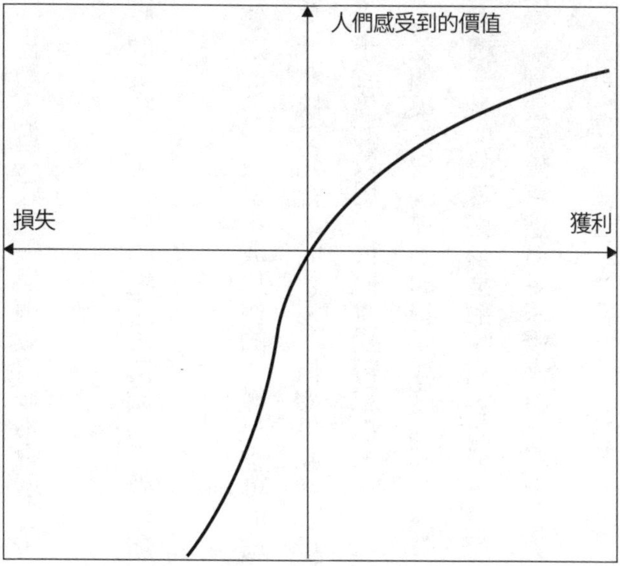

擴散開來，酒的美味讓你陶醉不已。但是，當你喝完第二杯香檳時，應該就不會像喝第一杯時那麼感動了吧？雖說多喝了一杯酒，但「好喝」這個效用並不會增加，反而會遞減。

我們經常會有這樣的經驗，即使再好吃的食物，再快樂的場所，體驗的次數增加之後，感動就會逐漸變淡。

同樣，從錢財中獲得的滿足程度，和錢財的多少也是不成比例的，滿足程度的增長速度會逐漸變得遲緩。口渴時喝一罐果汁會感受到很大的效用，但如果收到一年份同樣的果汁，我們並不會感受到三百六十五倍的效用，反而會覺得厭煩。

假設商店出售價錢相同的香檳和威士忌。如果你對兩種酒的喜愛程度相同，從效用的角度來看，買威士忌比較好。因為香檳一旦開封就必須全部喝完，而威士忌可以按照自己的喜好一點一點地喝。如果考慮到邊際效用遞減，總體來說，威士忌更勝一籌。

另一方面，即使收益和損失相同，增加損失的「不滿足程度」也要比增加收益的

「滿足程度」更大。這種現象被稱作「損失規避」（Loss Aversion），表示我們通常對於損失反應過度，有想要規避損失的傾向。

有一個簡單的遊戲可以測量我們在這方面的感覺。我們只需要思考一個問題，在一局定勝負的猜拳遊戲中，你的賭注金額可以增加到多大？

有的人連一百日圓也不會拿出來賭，也有的人可能會拿出一萬日圓。這並不是要說誰做得對誰做得不對，只是我們對於不確定性（風險）的接受程度不同。

付多少參加費用都能獲利的遊戲存在嗎

我們試著想像接下來的遊戲。由賭場的莊家丟擲硬幣，並且直到出現正面朝上的結果之前，他會一直丟擲。出現正面朝上時，遊戲結束。丟擲第一次時正面朝上，獎金兩百日圓；丟擲第二次時正面朝上，獎金四百日圓；第三次時正面朝上，獎金八百日圓；第X次時正面朝上，獎金為一百日圓乘上二的X次方。對於這個賭局，你最多可以承受多少錢的參加費呢？我們來試著計算賭局的期望值。

獲得200日圓的機率是1/2，期望值為100日圓。
獲得400日圓的機率為1/4，期望值為100日圓
獲得800日圓的機率為1/8，期望值為100日圓
獲得100日圓×（2^{x}）的概率為1／（2^{x}），期望值為100日圓

雖然隨著獎金金額的提高，機率會相對降低，但每一局的期望值都是一百日圓。當X無限大時，遊戲整體的期望值就是無限個一百日圓相加之和，也是無限大。因此，我們會得出結論：「無論花多少錢參加這個遊戲都很划算」，當然直覺上會覺得這個結論很可疑。

假設你花了一百萬日圓參加這個遊戲，第一次就正面朝上，拿到兩百日圓獎金的

機率是百分之五十（二分之一）。可是，如果連續出現背面朝上，到第二十次才終於出現正面朝上，就可以獲得超過一億日圓的獎金。這樣一來，即使一百萬的參加費用也是很合理的。該如何思考這個問題呢？

這個問題被稱為「聖彼德堡悖論」（St. Petersburg paradox），提出者是尼可拉斯．伯努利（Nicolaus I Bernoulli），他用公布問題時所在的城市命名了這個問題。

如果我們仔細觀察，就會發現它是由無數個遊戲組合而成。第一局遊戲時，有百分之五十的機率可以獲得兩百日圓，我們會感覺支付一百日圓的參加費用比較合理。但第二局遊戲時，只有百分之二十五的機率可以獲得四百日圓，因為不確定性（風險）高於第一局遊戲，所以我們在支付一百日圓參加費用時就會有些猶豫。

實際上，獲得四百日圓時的效用並不是獲得兩百日圓時效用的兩倍。因為「我們感受到的滿足程度的變化量，會隨著獲利的增加而遞減」。我們假設當獎金變為兩倍，效用的減少率為百分之十。於是計算可知，在第二局遊戲中參加費用為一百日圓乘上〇．九等於九十日圓時，比較合理。

獎金每增加一倍，效用就會減少，效用的期望值會由一百日圓逐漸減少為九十日圓、八十一日圓、七十三日圓……如果把無數局遊戲的效用期望值相加，最終結果為一千日圓。一千日圓的參加費用可以說還算在我們能夠承受的範圍之內。

人類更在意的是變化而非總額

Money can’t buy happiness, but it can make you awfully comfortable while you’re being miserable. 錢無法買到幸福，但是，錢可以讓你在不幸時衣食無虞。

這是美國劇作家、記者、眾議院議員克萊爾·布思·魯斯（Clare Boothe Luce）說過的一句話。如果你經歷過披頭四樂團的時代，可能會對他們的經典歌曲Can’t Buy Me Love感受更深。魯斯的這句話和披頭四的歌詞意思相近，不一定所有的有錢人都很幸福。

我們接下來並不是要論述金錢買不到幸福，而是要思考人們對於金錢的滿足程度。人們的習慣之一，就是「滿足程度受金錢變化的影響，而不是受總額的影響」。

A在巔峰時期，擁有兩千萬日圓的資產，但是現在減少至一千萬日圓。B所持有的資產從五百萬日圓增加至一千萬日圓。

雖然A、B兩個人都擁有一千萬日圓的資產，但是比起失去了一千萬日圓的A，應該是增加了五百萬日圓的B才會感到滿足。

這個「人們的習慣」，就是康納曼提到的「參考點」。

人們從原始社會開始，對於變化的反應就很敏感。人們的動態視力非常強，卻注意不到逐漸發生變化的風景。

我們對於金錢的變化也很敏感。我們會根據變化的狀態不同而產生不同的反應。反應的強弱程度，取決於變化參照的時間點，而不是地點。

我們假設有這樣一個遊戲，在猜拳中取勝可以得到一百萬日圓，輸了則要交給別人二十萬日圓。猜拳中獲勝的機率是百分之五十，則遊戲獎金的期望值是四十萬日圓。參加遊戲的費用是三十萬日圓，恰巧有個好心人贊助了你三十萬日圓。

你會選擇參加遊戲，還是不參加遊戲，得到實實在在的三十萬日圓呢？

身無分文的人應該會毫不猶豫地選擇實實在在的三十萬日圓。但是，有一千萬日圓的人可能會認為這個遊戲很有魅力。

我們認為這種現象是由於效用函數的差異造成的。參考點不同，效用函數的形狀也會發生變化。身無分文的人，效用函數曲線比較陡，比起不確定的四十萬日圓（一百萬日圓和負二十萬日圓的平均數），實實在在的三十萬日圓帶給他的效用會更大。擁有一千萬日圓的人，他的效用函數曲線接近四十五度，效用隨金額的增加而增加。

幸福來自和預想的比較

在日本國民漫畫《海螺小姐》中，有這樣一個故事。河豚田鱒夫在玩柏青哥時，很意外地打中，掉出了很多鋼珠，贏了三條香煙。他吹著口哨往回走。

接下來出現了一個看起來很貪婪的房地產商，他嘴裡發著牢騷：「那筆交易只能賺一千萬日圓。」漫畫作者長谷川町子，指著河豚田鱒夫總結道：「這種類型的人活得更久。」

河豚田鱒夫為了打發時間去玩柏青哥，贏了三條香煙。房地產商是商人，在他看來，一千萬日圓的買賣算不上是賺錢。三條香煙的價格和一千萬日圓相比根本不值一提，但河豚田鱒夫感受到的變化要比房地產商感受到的大得多，兩個人的滿足程度也就產生了差距。

人們實際獲得的收益大於預想收益時，感受到的效用會更大。

私人銀行中的成功鐵律

如果說「影響滿足程度的是金錢的變化，而不是金錢的總額」，那麼擁有花不完資產的人，對金錢是一種什麼樣的感情呢？下面這個例子，是我詢問朋友得知的真實故事，和「私人銀行」（Private Banking）中的成功鐵律有關。

私人銀行是外資金融機構的業務之一，針對擁有資產的客戶，銷售客製化的理財商品。我曾經在一家美國投資銀行工作，這家投資銀行也有私人銀行部門。

我有一位朋友，是私人銀行部門中一位頗具傳奇色彩的客戶關係經理，他曾經拉到過一千億日圓的存款業績。以下是我從他那裡聽來的故事。

「只瞄準資產在三十億日圓以上的人。」這就是從事私人銀行的鐵律。他從其他行業跳槽到外資金融機構，被分到私人銀行部門。

他在美國總公司進修時，到處請教總公司精明能幹的客戶關係經理，詢問關於工作的建議。所有人都提到了一項建議，就是上面的那條鐵律。

回到日本之後，他正式開始了私人銀行的工作，才發現遵守這條鐵律非常困難。擁有三十億日圓以上資產的人本來就非常少。

根據船井綜合研究所公布的資料，二〇一二年時總資產為十億日圓的人占日本總人口的百分之〇．〇二，即兩萬六千人。另外，野村綜合研究所也發表報告指稱，持有五億日圓以上資產的人約為五萬人。資產在三十億日圓以上的人就更少了。

尋找這樣等級的資產家非常困難，要進入他們的內心深處更是要費一番工夫。我的這位朋友屢次想放棄這條鐵律，但還是聽從進修時前輩們的教導，鎖定資產三十億日圓以上的目標人物，持續接近他們。

雖然花費了一些時間，但他只要獲得了某一位主客戶的信賴，那位主客戶就會陸續向他介紹自己的朋友，那些人持有的資產也都在三十億日圓以上。也就是說，資產在三十億日圓以上的人，他的朋友擁有的資產也是和他水準相當的。如此一來，我的朋友就如前文所說的一樣，拉到了超過一千億日圓的存款金額。

獲得客戶信任的原因

我的朋友是如何取得這些擁有三十億日圓以上資產客戶的信任呢？他不是強勢的人，看起來也不是很擅長應酬。

他能獲得信任的原因，是理解這個客戶群體的需求，並且只將符合的理財商品銷售給他們。

對於資產在三十億日圓以上的客戶來說，他們的需求只有一個，那就是「資產不增加也可以，只希望不要減少」。於是，我的朋友向他們推薦的理財商品主要是等級較高的債券，絕對不會讓客戶的資產減少。

另一方面，沒有遵守鐵律的其他客戶關係經理的情況又是如何呢？他們將目標鎖定為資產在五億日圓以下的客群，這樣的目標客群數量要比資產在三十億日圓以上的人來得多，並向他們推薦符合增加存款量需求的理財商品。

但是存款量很難增加，沒有完成工作目標的客戶關係經理只能離開公司，因為好不容易拉來的客戶介紹的朋友也只是和他水準相當的人。

更讓他們困擾的是，這個階層的客戶需求是「希望獲得更多的資產」，客戶關係經理們就會向客戶銷售一些不確定性（風險）較高的衍生性金融商品（derivatives）。但是，如果遇到日圓急遽升值或是金融危機，就會出現很多未實現的損失，這時別說是獲取客戶的信任了，有時甚至還會遭到客戶的投訴。

人愈有錢，對資產減少的恐懼愈會大於資產增加時的喜悅。這就是為什麼說「資產不增加也可以，只希望不要減少」。而且，資產超過三十億日圓的富豪，正是因為能夠準確掌握投資帶來的不確定性（風險），才能累積了這麼多的資產。他們始終如一，不渡危橋，對於穩健的投資充分滿足。

而資產量還過得去的人，他們做好了承擔不確定性（風險）的準備，想要增加自己的資產。但常常他們的欲望超越了理智，承擔超出自己所能承受範圍的風險，最後發現無法控制，並且很可能遭受不可挽回的損失。

家庭主婦成為天才操盤手的原因

本章最後一個例子，是介紹人類過於重視特定資訊的習慣。

假設你是證券公司的主管。透過徵才招聘操盤手，有兩個人進入了最終面試。其中一人本科專業是經濟學，之後留學海外取得ＭＢＡ學位，並在其他證券公司工作了十年，是有經驗的操盤手。另一個人是全職主婦，從事交易才一年左右的時間。

看上去你應該會選擇前者，但如果得知以下資訊你又會如何決斷呢？

聽說前者在之前的證券公司工作到第十年時，出現了重大損失，不得不辭職。而全職主婦從開始做外匯（ＦＸ，Foreign Exchange）交易，就屢戰屢勝，短短一年的時間就賺了數億日圓。

雖然現實中可能並不會有這麼厲害的主婦到證券公司面試，但日本的普通主婦正在以ＦＸ投資家的身分擁有推動市場的影響力。就連海外媒體也知道她們的存在，英國知名雜誌《經濟學人》（*The Economist*）在報導中將她們稱作「渡邊太太」（Mrs. Watanabe）。「渡邊」是日本人的代表姓氏。

她們之中有人被稱為天才FX操盤手，從未失敗，一年可以持續獲得數億日圓的收益。在FX的世界裡，即使是精通市場的專業金融人士，取得連勝也是非常困難的。為什麼主婦們可以達成不敗神話呢？

外匯市場賺不到錢是常識

十年前的外匯市場，參與人員中有一部分是專業人士，他們被稱作外匯交易員（也稱操盤手）。其他的參與者為保險公司、企業、商社的交易員，也都是具有專業背景的人員。

他們分析各國的經濟形勢、利率走向、經濟指標，然後決定買賣方向，從中獲得收益。據我所知，並不存在百戰百勝的傳奇操盤手。

有一年，曾出現一批操盤手，他們順應市場行情形勢大賺一筆，被尊稱為「〇〇銀行的△△先生」。在他們之中的一些人，因此獲得了高得離譜的獎金（轉職金），被其他外資銀行挖走。

但是，他們之中很多人在新公司並沒有做出什麼成果，甚至出現很大損失，等回過神來已經被解雇了。在FX市場上想要連續取勝就是這麼困難。

倖存者是被神選中之人

既然如此困難，為什麼渡邊太太中會出現天才FX操盤手呢？原因在於，如今的市場形勢和十年前已經不同，參與FX的人數也有了飛躍性的增加。

據說FX的帳戶數量已經超過四百萬個。我們假設，每月的收支正增長和負增長的參與者各占百分之五十。

連續十二個月持續獲勝的人數為：五百萬乘以二分之一的十二次方，簡約為一千二百人。現在大家應該可以明白，為什麼專業人士中沒有出現百戰百勝的操盤手，而渡邊太太中卻出現了。

她們是好運的倖存者，在她們背後，有將近四百九十九萬多的失敗者。十年前僅僅由專業人士參與的市場中，由於絕對數量的限制，根本就無法產生天才操盤手。

我們分析這個現象時，如果只看結果，只接受對自己有利的資訊，就會犯下錯誤。

第六章

拉麵店和法式料理餐館，誰的價值比較高

——風險和回報

作為投資物件的商品、服務、商業、企業的價值，可以利用現金流量計算出來。如果將來的收益不存在任何不確定性（風險），它的價值就是未來現金流量的總和。這個觀點是金融理論的根基。

但正如我們在第二章提到的，現金流量伴隨著不確定性。將反映風險的折現率（利率）和時間相乘，商品的價值扣除這個乘積之後，與沒有風險的現金流量總和進行比較，扣除乘積後的現金流量的總和要小很多。

反映風險的折現率，在投資家看來，就是收益率（預期報酬率），他們根據折現率來進行金錢投資。在這裡想要再次強調，折現率就是收益率（投資報酬率）。

本章將對風險和回報，以及與時間的關係再次做一些深入說明。我們生活中必定伴隨著風險，本章還將討論如何分辨金融學、統計學提出的風險，以及如何控制風險。

音樂會能如期舉行嗎

假設你上班的公司，計畫明天舉行一場盛大的室外音樂會，為此已經投入了很多資金。如果明天下雨，音樂會就要延期，且必須向演出的藝人支付高達兩億日圓的賠償金。

現在，天氣陰陰的，你非常關心天氣預報，一直在確認明天的天氣狀況。明天的降雨機率早晨為百分之二十，到了中午升至百分之四十，下午一點時為百分之五十，而剛才傍晚七點的天氣預報，竟然上升至百分之九十。

在這期間，明天的音樂會延期的機率，以及支付兩億日圓賠償金的商業風險高低，又是如何變化的呢？

我們假設天氣預報的降雨機率是正確的。音樂會將會延期的機率逐漸上升，由於音樂會延期而遭受的商業風險在某一點達到高峰後，則會逐漸下降。以下來解釋原因。

雖然隨著降雨機率的增加，支付賠償金的風險也在上升，但當降雨機率超過百分之五十之後，追加支付兩億日圓現金流量的確定性也開始增加。也就是說，風險（不確定性）開始減少。

金融理論中提到的「風險」，指的是不確定性。不確定性的定義是「不確定預想的事件是否會發生」，而並不是「危險的事情、不喜歡的事情會發生的可能性」。

回到音樂會這個例子來說，雖然非常遺憾，但是如果明天必須支付兩億日圓賠償金的機率接近百分之百，則不確定性（風險）為零。

如果運氣非常好，明天下雨的機率是零，追加支付兩億日圓賠償金的機率自然也就是零。「必須追加支付兩億日圓賠償金」與「不必支付追加的兩億日圓賠償金」，兩者就像是硬幣的正反面。因此，不管是哪一種情況，「降雨機率百分之五十」時的風險是最高的。

關於俄羅斯輪盤的思考

大家知道俄羅斯輪盤嗎?它被人熟知是在一九七八年奧斯卡金像獎獲獎電影《越戰獵鹿人》(*The Deer Hunter*)。這部電影講的是越戰中身心受到傷害的年輕人。扮演主角的勞勃・狄尼洛(Robert De Niro)與扮演主角朋友的克里斯多夫・華肯(Christopher Walken)、約翰・薩維奇(John Savage)被越軍俘虜,越軍強迫他們進行俄羅斯輪盤遊戲。

所謂俄羅斯輪盤,是在左輪手槍中只裝填一發實彈,適當地轉動彈匣後,將槍口對準自己的太陽穴,扣下扳機。當你認為這一發為實彈時,可以向天花板扣下扳機,但如果這一發為空彈,則即刻輪掉遊戲。

轉動彈匣之後,參加者交替扣下扳機,六發彈匣中有一發裝有子彈,中彈的機率開始時就是六分之一。如果打出四發都是空彈,則第五次扣動扳機的人中彈的機率是二分之一。如果第五發也是空彈,那麼第六個開槍的人就非常不幸地被置於極其危險的境地，但此時的風險是零。因為這一發一定是實彈，所以也就沒有了不確定性。

順道一提，電影中約翰·薩維奇飾演的俘虜，因為過於恐懼，在遊戲剛開始的時候就發瘋了。即使彈匣的容量是一百發，人們也很難承受這個遊戲帶來的恐懼。正如第五章中提到的，「人們會對較低的機率反應過度」，我們會認為中彈的人會是自己。

顯然不同國家的文化在對「風險」這個詞的認知上有差異，下面我將講述一則與此相關的軼事。十多年前，一家外資證券公司推出了針對個人的金融商品。這種商品被稱為權證，是一種衍生性金融商品，和普通的股票交易相比風險較高。

我第一次見到這款商品的海報時，真的非常吃驚。海報上赫然大大寫著：「讓我們享受高風險的樂趣！」雖然我在金融界打滾多年，看到這張海報還是感覺相當不適應。我還記得當時的想法是：「日本金融廳不允許這樣做吧。」

恐怕那張海報是將美國版本中的廣告文案直接翻譯成了日語。「享受風險的樂趣」這種觀點，經常出現在日美投資文化的差異中。以本書前文提到的定義思考，風險是不確定性，而不一定是危險。因此，說是享受樂趣也並不奇怪，可是在日本，這句話雖然不會遭到反對，但可能會受到排斥。

風險就是標準差

前文曾提到，風險即不確定性。用統計學的語言表示就是「標準差」。標準差又是什麼呢？下面我們將透過簡單的例子來說明。

假設你打算同時開一家法式料理餐館和一家拉麵店。兩家店的創業資金均為五千萬日圓。

法式料理餐館的客單價和利潤都比較高，但顧客周轉率低，每天來店裡的顧客人數有限，每天的營業額變化也比較大。

拉麵店的客單價和利潤都比較低，但顧客周轉率高，因此也可以創造出收益。並且來店裡的顧客人數比較穩定，每天的營業額大致相同。兩家店在一個月內的營業額變化如左頁所示。

風險視覺化

兩家店的每日營業額平均都是二十萬日圓。但是每日營業額的離散程度和預想一樣，差異很大。將營業額繪成圖表就可以知道，法式料理餐館的每日營業額偏差很大，而拉麵店的營業額則相對平穩。

離散程度就是不確定性，也就是風險。法式料理餐館的風險是不是更高呢？我們可以試著計算一下。

標準差就是將各個數據與平均數的離散程度（即偏差）以數值表示。換句話說，

法式料理餐館和拉麵店的營業額變化（單位：萬日圓）

營業日	法式料理餐館	拉麵店
1	23	19
2	22	19
3	22	20
4	10	24
5	30	16
6	18	21
7	31	15
8	26	18
9	19	21
10	16	21
11	14	23
12	20	20
13	11	25
14	19	20
15	27	17
16	23	17
17	26	17
18	11	24
19	8	25
20	24	18
單日平均	20	20

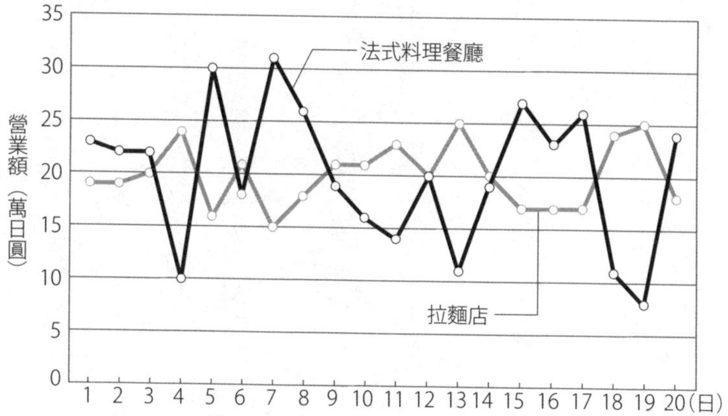

也就是風險的量。

表格中，法式料理餐館的營業額在開業當天比平均值高出三萬日圓，但第四天就比平均值低十萬日圓。

我們首先求出每一天營業額的偏差，再將各營業日的偏差相加，合計會為零。無論是正三萬日圓的偏差，還是負三萬日圓的偏差，與平均值的離散程度是相同的，所以相加之後合計為零。

因此這裡的正負離散程度皆以正數做計算，接下來試著將各偏差的平方相加。將各偏差的平方相加，再除以數據的個數，得出的數值稱為「變異數」。法式料理餐館的變異數為四十二·四，拉麵店的變異數為八·六。

變異數本身也是表示風險的量的指標，但使用起來有些不方便。因為對於變異數，我們直覺上比較難以理解。

我們來看一下數字的單位。營業額和偏差的單位都是「日圓」。變異數是由偏差的平方得出的，所以單位是「日圓的平方」，我們平時沒見過這個單位，不太容易

法式料理餐館的標準差（營業額、偏差、標準差單位為萬日圓）

營業日	營業額	偏差	偏差 ²	變異數	標準差
1	23	3	9		
2	22	2	4		
3	22	2	4		
4	10	（10）	100		
5	30	10	100		
6	18	（2）	4		
7	31	11	121		
8	26	6	36		
9	19	（1）	1		
10	16	（4）	16	42.40	6.51
11	14	（6）	36		
12	20	0	0		
13	11	（9）	81		
14	19	（1）	1		
15	27	7	49		
16	23	3	9		
17	26	6	36		
18	11	（9）	81		
19	8	（12）	144		
20	24	4	16		
合計	400	0	848	42.40	6.51

拉麵店的標準差（營業額、偏差、標準差單位為萬日圓）

營業日	營業額	偏差	偏差 ^{2}	變異數	標準差
1	19	（1）	1		
2	19	（1）	1		
3	20	0	0		
4	24	4	16		
5	16	（4）	16		
6	21	1	1		
7	15	（5）	25		
8	18	（2）	4		
9	21	1	1		
10	21	1	1	8.60	2.93
11	23	3	9		
12	20	0	0		
13	25	5	25		
14	20	0	0		
15	17	（3）	9		
16	17	（3）	9		
17	17	（3）	9		
18	24	4	16		
19	25	5	25		
20	18	（2）	4		
合計	400	0	172	8.60	2.93

理解。

接著，我們試著求變異數的平方根，使單位「日圓的平方」回歸到「日圓」。求出的結果被稱為「標準差」，是風險量化的指標。法式料理餐館的標準差為六・五一萬日圓，拉麵店的標準差為二・九三萬日圓，法式料理餐館的風險約為拉麵店風險的兩倍。

我們試著再進一步深入思考標準差的含義。

在統計學中，一個標準差稱為SD（Standard Deviation），符號為σ（sigma）。我在此不進行數學方面的說明，我們只需要知道很多統計資料都是呈常態分布的，在一個標準常態分布中，數字出現的機率是固定的。以平均值為中心，有百分之六十八・三的數據集中在正負一個標準差範圍內，有百分之九十五・五的數據集中在正負兩個標準差範圍內。

透過觀察，我們就會發現本例遵循這樣的規律。法式料理餐館營業額的一個標準差為六・五一萬日圓，二十萬日圓加正負六・五一萬日圓計算後可知，二十天的數據中，有百分之六十八．三集中在十三．五萬至二十六．五萬日圓區間。我們實際確認，會發現有十三天的數據在區間範圍內，十三除以二十結果為〇．六五，和百分之六十八．三非常接近。

我們用同樣的方法計算拉麵店的數據，可知拉麵店營業額一個標準差的範圍為十七萬至二十三萬日圓。確認數據數值可知，有十四天的數據在區間範圍內，十四除以二十為〇．七〇，也很接近百分之六十八．三。

計算出的數值不是百分之六十八．三，是因為參照的數據只有二十個，實在太少了。如果樣本夠大，就會非常接近百分之六十八．三。

知道了標準差有什麼用呢？雖然無法準確知道下一次出現的數字，但我們可以提前知道「數字落在這個範圍內的機率大致是多少」。

假設法式料理餐館繼續經營下去。雖然我們沒有辦法清楚預測明天的營業額是不是比二十萬日圓要高，但我們能夠預計有三分之二的可能會落在十三．五萬至二十六．五萬日圓的範圍內。

順道一提，在統計學中，落在一個標準差範圍內的數據被視為「尋常的、普通的」，落在兩個標準差範圍外的數據被視為「特別的、異常值」。用法式料理餐館的例子來說，日營業額不滿七萬日圓或者超過三十三萬日圓時，就是異常的、特別的情況。

風險和收益的關係

利用標準差掌握不確定性（風險），能夠將風險視覺化。接下來，我們試著思考風險和收益（投資報酬率）的關係。

正如前文指出的，風險和危險不同。所以，風險不應該是令人厭惡的事物。有些時候，風險是讓遊戲變得更加有趣的精髓。完全沒有風險的世界，也就不會存在投資和遊戲，顯然非常無趣。

雖說如此，可還是有許多人討厭風險，那麼在投資時就需要認真判斷風險和回報。在兩個收益相同的投資方案中，風險較低的方案是更好的選擇。而且，根據風險和收益的平衡性來考慮，有時候，比起高風險、高收益的投資，選擇低風險、低收益的投資其實更好。

我們來試著比較兩檔股票：

A股票每年的收益（投資報酬率）為正百分之四十或負百分之三十，取其平均值，預計可以獲得的收益（預期報酬率）為百分之五。

50 年間的價格趨勢

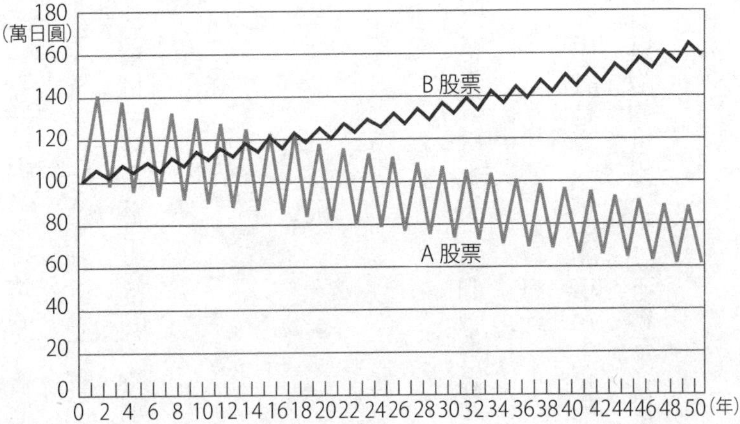

B股票每年的收益（投資報酬率）為正百分之五或負百分之三，取其平均值，預計可以獲得的收益（預期報酬率）為百分之一。

A股票的變化非常劇烈，所以風險較高。但預期報酬率最高可達到百分之四十，平均預期報酬率也有百分之五，所以看上去要比B股票獲利更多。

但是，如果我們用電腦模擬出兩檔股票五十年間的投資結果，會發現如果投資一百萬日圓購買B股票，五十年後資產將增加至一百六十萬日圓；但如果投資一百萬日圓購買A股票，五十年後資產總額會大大低於本金，跌至六十萬日圓。

風險低、離散程度小的方案投資價值更高。接下來，我們再舉一個直覺的例子。

如果給你一根四十公尺長的繩子，告訴你用這根繩子圈起來的土地全部歸你所有。要想使所圈土地的面積最大，應該把繩子圍成什麼形狀呢？假定繩子圍成的形狀只能是四邊形。

我們直覺上會認為正方形圍出的土地面積最大，正確答案也確實如此。十公尺×

十公尺＝一百平方公尺。如果把這個正方形的一邊增加一公尺，另一邊減少一公尺，面積就是十一公尺×九公尺＝九十九平方公尺，得出的長方形面積比正方形要小。

將以上的推演過程一般化，正方形的一邊增加a公尺，另一邊減少a公尺，則得到的長方形面積為：

$$(10+a)\times(10-a)=100-a^2$$

由此可知，它的面積一定小於正方形的面積一百平方公尺。

我們試著將a設定為投資收益的增減。每年的收益不規則變化，或為百分之正a，或為百分之負a，這樣的投資，資產價值一定會減少，會跌至本金以下。

換言之，像正方形一樣達到協調的狀態，即沒有偏差的狀態，效率更高。

低估風險，只關注收益大小

就像前文所說，人們對於風險和收益的關係，有時會特別固執己見，有時也會產生誤解。我們常常低估風險，只關注收益的大小。

請大家思考下述問題。假設有兩名學生，其中一名在期末考中的成績基本在七十分上下，另一名學生狀態好時可以考一百分，狀態不好時只能考四十分。兩人的平均分數都是七十分。那麼，哪一名學生更優秀呢？

「分數總是在七十分上下的學生可能非常認真，但從沒拿到一百分，很難說得上優秀。而只要下決心去做就能拿到一百分的學生，潛力肯定更高。」

上述說法你怎麼看？是否贊同呢？

把這個問題置換成股票投資，我們來考慮投資兩檔股票。假設有A股票和B股票，兩檔股票現在的價格相同，均為每股一百日圓。

它們一年之後的收益受經濟形勢變化的影響。我們把經濟形勢的變化簡單化，假定有三種模式：經濟蕭條（發生機率百分之二十五）、經濟持平（發生機率百分之五十）和經濟繁榮（發生機率百分之二十五）。

A股票在經濟繁榮時的收益為百分之三十；經濟持平時的收益為百分之十；經濟蕭條時的收益為百分之負十。B股票在經濟繁榮、經濟持平、經濟蕭條時的收益分別為百分之二十、百分之十、零。

兩檔股票的收益和各種收益發生機率的關係，如下表所示。

A股票的收益離散程度較大，風險高；B股票的收益離散程度較小，風險低。但是，計算兩檔股票各自的預期收益（將三種經濟形勢下的發生機率和收益相乘，再將三個乘積相加）後，會發現結果相同，即A、B兩檔股票的預期收益

經濟形勢與收益

經濟形勢	發生機率（%）	A 股票的收益（%）	B 股票的收益（%）
蕭條	25%	-10	0
持平	50%	10	10
繁榮	25%	30	20

率均為百分之十。

雖然投資低風險的股票應該更佳，但我們有時也會有這樣的想法：

「如果股票A收益率良好，您可以預期獲得百分之三十的收益，如果經濟蕭條收益率可能為負，但平均收益率與股票B同樣為百分之十。這表示在繁榮時收益為百分之三十、持平時收益為百分之十的股票A更好嗎？」你可能會覺得上面一段話很有道理，但是這個觀點並不正確。

借錢投資可以看得更清楚

本節我們利用舉債經營來思考問題。在金融界，借錢投資稱作舉債經營（Leverage）。Leverage這個詞原本的含義是「槓桿」。接下來，我們將詳細說明為什麼稱為槓桿。

假設你借錢購買B股票。借款的利息暫定為百分之五。你借了一百日圓，和自己原有的一百日圓合在一起，購買了兩股B股票，共計投資兩百日圓。一年之後把這兩股賣掉，並償還借來的一百日圓和利息五日圓。

在這個背景下，我們重新計算三種經濟形勢下的收益。你原本擁有的一百日圓的收益率，寫在表格中「修正後收益率」一欄。

試比較借錢購買B股票時的修正後收益率和A股票的收益率。

A股票的收益離散程度較大

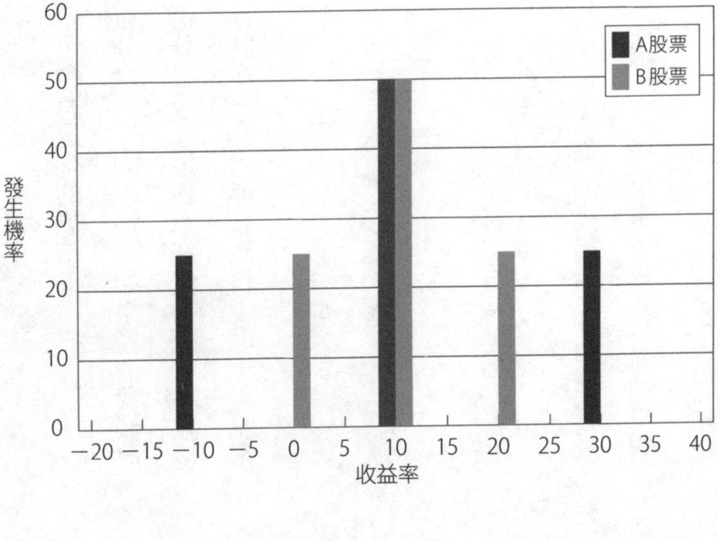

我們再一次計算B股票的預期收益率，可以得知經濟持平時的預期收益率從百分之十上升到百分之十五，經濟繁榮時的預期收益率從百分之二十上升到百分之三十五。

但是由於經濟蕭條時收益為負，所以收益的離散程度會增大，風險也會提高。即便如此，B股票的風險（離散程度）還是和A股票處於同一水準。

總結上述內容，可知A、B兩檔股票風險相同，B股票的預期收益率更高。這是B股票和舉債經營相

舉債經營時B股票的修正後收益情況

經濟形勢	發生機率（%）	預期收益率（%）	投資金額（日圓）	損益（日圓）	利息＋本金（日圓）	最終CF（日圓）	修正後收益率（%）
蕭條	25	0	200	0	-105	95	-5
持平	50	10	200	20	-105	115	15
繁榮	25	20	200	40	-105	135	35

CF：現金流量

經濟形勢與收益（續）

經濟形勢	發生機率（%）	A股票收益率（%）	B股票修正後收益率（%）
蕭條	25	-10	-5
持平	50	10	15
繁榮	25	30	35

結合的結果。

我們借來的錢，像「槓桿」一樣發揮作用，可以將B股票的性能抬得比A股票更高。因此，我們把借錢這件事稱為舉債經營。利用舉債經營，可以使投資物件變為高風險、高回報。

這樣一來，我們就會發現，原本B股票的投資價值就高於A股票。也就是說，我們不能因為A股票表面上的收益高，就被它吸引。

回到法式料理餐館和拉麵店的

A股票和B股票的收益離散程度相近

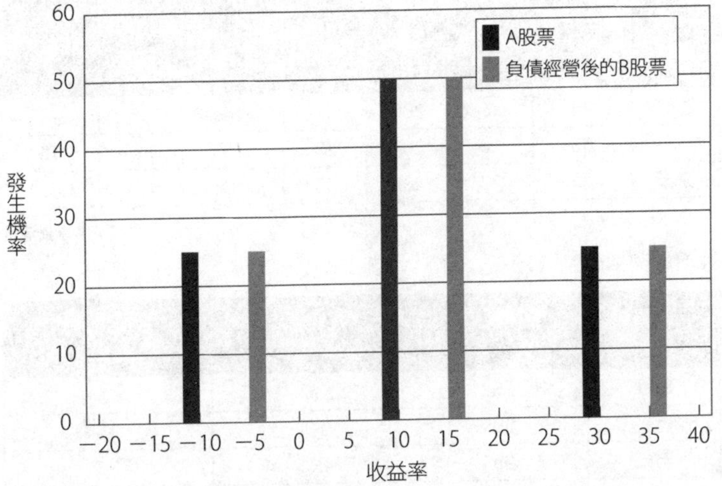

對比上，如果兩者的收益率相同，可以說風險較低的拉麵店是更好的投資對象。

折現率如何反映風險

如果你投資的股票和項目的風險較低，就必須忍耐較低的收益。反之，如果你投資的股票和項目的風險較高，則必須要求高的收益。

我們應該如何根據風險（標準差）來判斷收益（收益率）呢？前文曾經提到，收益對於現金流量來說就是折現率（利率），折現率可以反映風險。那麼，折現率應該如何反映風險呢？

在第二章思考房屋的價值和折現率時，我做過如下解釋：「（不動產信託）掌握著不同地區、不同等級房屋的歷史收益率，他們可以由此掌握平均值和離散程度。如果離散程度較大，則可以預計折現率較高。」也就是說，可以從過去的數據得到折現率，即收益（收益率）的基準。

我們在進行賭博等投機活動時，可以計算機率，將其作為預期收益率。但投資房地產、股票，或其他項目時，無法計算機率。因此，我們只能分析歷史數據，從中推定折現率。

史丹佛大學經濟學家威廉・夏普（William Sharpe）曾關注單支股票的變化和股票基準價格變化保持著何種關係。他思考出一個計算單支股票收益率（報酬率）的方法，稱為資本資產定價模型（CAPM）理論，並因此於一九九〇年獲得了諾貝爾經濟學獎。

股票基準價格是指所有股票市價總額取加權平均數後編入的市場投資組合。實際生活中，被使用於TOPIX（東證股價指數）等。

使用夏普的方法，還可以計算不同產業的預期收益率。其結果用表格表示如左。

從表格中我們可以得知，保險業、證券業、銀行業的預期收益率較高，也就是說他們的股票風險較高。與之相對，電力、食品、零售業的收益率較低，風險也較

預期收益率較高的產業（2013 年 12 月）

行業	上市公司數	預期收益率 %（平均）
保險業	11	10.25
證券、期貨交易業	40	9.22
銀行業	92	8.04
礦業	7	7.14
運輸類機械	99	6.85
電力機械	273	6.80
機械	233	6.63
醫藥品	59	6.48
鋼鐵	50	6.46
房地產業	108	6.36
電信業	335	6.22
精密儀器	49	6.16

預期收益率較低的產業（2013 年 12 月）

行業	上市公司數	預期收益率 %（平均）
電力、瓦斯業	25	2.45
造紙	26	2.98
陸路運輸業	62	3.05
食品	132	3.38
水產、農林業	11	3.47
海上運輸業	16	3.48
零售業	344	3.75
倉儲、物流相關行業	43	3.78
航空運輸業	6	3.98
批發業	349	4.19

低。因為保險業、銀行業的現金流量，會隨著經濟形勢的變動而產生大幅變化，所以要求較高的收益率。電力等受經濟形勢變化影響不那麼大的行業，即使收益率較低，投資者也能滿足。

什麼是「夏普比率」

夏普將原本用收益率除以風險得到的比率稱作「夏普比率」（Sharpe ratio），代表著投資者每單位風險增加所獲得的額外回報。

夏普比率＝（基金報酬率－無風險報酬率）÷風險（標準差）

預期收益率減去無風險報酬率得到的值稱作「超額收益率」。這裡的無風險報酬率指的是國債的利率。二〇一四年十月，日本的十年期國債利率為百分之〇．五。相對於國債，世界上所有的理財產品都帶有一定的風險，如果理財商品收益率在百分之〇．五以下，投資者根本不會理睬。換言之，一種理財商品，利率比

A 股票的夏普比率

發生機率	收益率	預期收益率	偏差	變異數	標準差	超額收益率	夏普比率
25%	-10		-20	100			
50%	10	10	0	0	14.14	5.00	0.35
25%	30		20	100			

B 股票的夏普比率

發生機率	收益率	預期收益率	偏差	變異數	標準差	超額收益率	夏普比率
25%	0		-10	25			
50%	10	10	0	0	7.07	5.00	0.71
25%	20		10	25			

負債經營後 B 股票的夏普比率

發生機率	收益率	預期收益率	偏差	變異數	標準差	超額收益率	夏普比率
25%	-5		-20	100			
50%	15	15	0	0	14.14	10.00	0.71
25%	35		20	100			

最安全的國債還要低，它就沒有投資的價值。

夏普比率的公式非常簡單。超額報酬率除以風險，得到的夏普比率值愈高，說明風險愈低，收益率愈高。夏普比率高的股票是具有吸引力的投資對象。

原則上，股票、理財商品各自的夏普比率應該是一定的。這樣一來，如果提高收益率，則風險也會相對升高，所以高風險、高收益的法則成立。

如果夏普比率一定，只要知道風險（標準差），我們就可以計算出預期收益率。

試求剛剛的A、B兩檔股票的夏普比率。在這個例子中，借款利率假設為百分之五，我們可以將其作為無風險利率，結果如前頁表格所示。A股票和B股票的預期收益率相同，但A股票的風險較高，所以B股票的夏普比率更高。

「舉債經營後的B股票」，透過舉債經營，成為高風險、高收益的股票，我們經過計算會發現，它的夏普比率和舉債經營之前相比，沒有變化。如此可知，夏普比率是一定的。

但在實際應用中，各類股票、債券、信託的夏普比率並不是固定不變的。原因在於，夏普比率的值受到參照數據的時間點和時間差距的影響。另外，作為投資對象的股票，如果上市還不滿一年，也很難從它的價格波動中推導出風險和收益率。於是，夏普才會關注基準股價變動和個股的關係，從中計算收益率。

風險與時間的關係

本書的第三章探討了現金流量和時間的關係。本節我們來思考一下風險和時間的關係。

前面曾計算法式料理餐館和拉麵店營業額的標準差（風險）。但是我們只觀察了短短二十天的數據，如果持續觀察一百天、一千天，情況又會如何呢？

假設附近沒有競爭對手，且不會發生顧客對這家店吃膩了的情況，我們觀察到的營業額平均值還是二十萬日圓，標準差和只觀察二十天時的數值可能會稍稍有些不同，但應該接近理論值，且數值是一定的。

如上所述，每日營業額的平均值和標準差不受時間的影響。原因在於，觀察某一間法式料理餐館一百天的營業額，和觀察一百家相同的法式料理餐館一天的營業額，意義是相同的。假設你經營一百家規模、味道、服務完全相同的法式料理餐館，只需要觀察一天，就可以相當準確地掌握所有店鋪的每日預期營業額和每日營業額的偏離程度（標準差）。

另一方面，每家法式料理餐館的累計營業額受時間長度的影響很大。例如，一百家法式料理餐館中，可能某一家店的每日營業額都超過二十萬日圓的平均值，而另一家店運氣很差，每天的營業額持續都在平均值以下。這並非因為各店實力不同，只能說是偶然的現象。

對經營者來說，重要的是預測所有店鋪總營業額是多少、總營業額的偏離程度是多少，而不是只因為日營業額的偏離程度時喜時憂。

投資也是如此。重要的是把握一年或更長時間之後自己的資產會增加多少、總資產的偏離程度到什麼程度，而不是自己投資的股票平均每天收益增加多少、收益率的偏離程度是多少。

到今天為止的法式料理餐館總營業額，或是今天的股票價格，都是在昨天的基準上確定的。而在今天的變化基礎上，明天將開始下一次的變化。

在某種程度上可以預測偏離程度的範圍

我們可以預測一年或者更久以後，自己持有的股票資產的總額或法式料理餐館總營業額的偏離程度嗎？偏離程度和標準差都能表示風險。從理論上說，標準差和風險成正比。

二〇一四年夏天，在東京代代木公園發現帶有登革熱病毒的蚊子，大家擔心帶有病毒的蚊子也飛到了其他公園，因此引起了很大騷動。專家指出，帶有登革熱病毒的蚊子的活動範圍約為每天五十公尺至一百公尺。

當然，帶有病毒的蚊子已經被處理掉了，這裡只是假設。我們將蚊子的活動方式比作風險，設想蚊子的分布範圍（偏離程度）。

我們來設想一個簡單的模型。假定有一個蚊子軍團，且各自分散行動，蚊子每天都會向東或向西飛行一百公尺。實際上，蚊子可以往東南西北任意方向飛，這裡為了便於理解，設定前提為蚊子只向東西方向飛行。

我們將起點定為零，每一百公尺定一個刻度。從起點開始向東一百公尺處為正一，從起點開始向西三百公尺處為負三。

第一天，蚊子軍團會在哪裡呢？有的蚊子向東飛，有的蚊子向西飛。假設向東飛的機率和向西飛的機率各為百分之五十，則蚊子所在的地點為正一或負一處，標準差為$\sqrt{1}$。

第二天，蚊子軍團飛到了哪裡呢？四分之一的蚊子在起點以東兩百公尺處。第一天向東飛、第二天向西飛的蚊子和第一天向西飛、第二天向東飛的蚊子回到了起點，占全體的一半。還有四分之一的蚊子連續兩天向西飛行，在起點以西兩百公尺處。

第二天蚊子偏離程度的標準差為$\sqrt{2}$。同樣，第三天、第四天、第五天的標準差分別為$\sqrt{3}$、$\sqrt{4}$、$\sqrt{5}$。計算過程如下表所示。

因此，蚊子軍團偏離程度的標準差為第一天一百公尺、第二天一百四十一公尺（$100\times\sqrt{2}$）、第三天一百七十三公尺（$100\times\sqrt{3}$）、第四天兩百公尺（$100\times\sqrt{4}$）。

在天數對應的標準差範圍內搜尋，可

蚊子軍團的傳播模式

		西							東							
		−6	−5	−4	−3	−2	−1	0	1	2	3	4	5	6		
經過天數																標準差
1							1		1							$\sqrt{1}$
2						1		2		1						$\sqrt{2}$
3					1		3		3		1					$\sqrt{3}$
4				1		4		6		4		1				$\sqrt{4}$
5			1		5		10		10		5		1			$\sqrt{5}$
6		1		6		15		20		15		6		1		$\sqrt{6}$

以捕獲百分之六十八．三的蚊子。如果放任牠們飛行一百天，則可以預計有百分之六十八．三的蚊子分散在東西一千公尺的範圍內。

無論是進行投資還是商業活動，風險與時間的關係式都非常重要。知道了這個關係式，我們就可以預測損失範圍了，也可以防止在不知不覺中承擔超出承受範圍的風險，避免出現無法挽回的損失。

在投資或商業活動中，持續的時間非常重要。有些項目有時間上的規定，比如一年之內不能退出等。這時，如果可以先知道允許退出預計會造成多大損失，將其扣除後，就可以決定開店的數量、規模和初期投資金額了。

下面舉一個股票投資的例子。假設今天的股價為一百日圓，風險（價格波動的標準差）為百分之一，每天的預期收益率為零[7]。

如果購買一百萬日圓這檔股票，一年後收益率的標準差為：

$$1\% \times \sqrt{365} = 19.1\%$$

因此，我們就可以提前知道，一年之後持有股票總額在八十四萬日圓（100÷1.19）至一百一十九萬日圓（100×1.19）之間的機率為百分之六八・三。兩個標準差為百分之三十八，一年後持有股票總額在七十二・四萬日圓（100÷1.38）以下，或在一百三十八萬日圓（100×1.38）以上的機率，可以視為幾乎沒有。為了便於理解，我們將一年的時間假定為三百六十五天，實際上股票交易市場的交易日只有工作日，天數要少於三百六十五天。

7　假設每日的預期收益率為零，則表示折現率為零，即不考慮時間的影響，每一天都是同樣的一天。

控制風險的方法

追求高收益，就必須做好承擔高風險的心理準備。選擇低風險，收益也會相對較低。

那麼，可不可以保持收益率不變，只減少風險呢？這種想法雖然自私，但一直以來，研究人員都在費盡心思尋找這種控制風險的方法。所以在這裡，我稍稍提一下投資組合與期權的內容。

假設你是日本將棋業餘棋士中的名人，但你基本上無法戰勝職業棋士。職業和業餘的差距就是如此之大。

這時候，你卻必須和兩位職業棋士同時對弈，儘管這種做法有些魯莽，但是你應該採取何種戰術呢？只應對一局比賽，你就已經需要高度集中精力，和兩位對手同時比賽，原本對你不利的情況會變得更加嚴峻。

另外，對這場比賽的輸贏還設了賭局。假設你過去和諸多職業棋士對弈的成績為二十戰一勝十九敗。也就是說，你戰勝一位職業棋士的機率是二十分之一。對於賭注的中獎率（賠率）如下所示：

輸給兩位棋士的機率為百分之九十．二五、賠率為一．一倍

贏一位棋士、輸一位棋士的機率為百分之九．五、賠率為十．五倍

贏兩位棋士的機率為百分之零．二五、賠率為四百倍

你自己也可以參與這個賭局，但不可以押注「業餘棋士兩局均輸」。因為你如果敷衍了事就會兩局都輸掉，也就可以在賭局中獲勝。

假設在這個遊戲中，有絕招能使你一定可以戰勝兩位職業棋士中的一位。也就是說有方法可以使你贏得賠率十．五倍的賭局。具體方法如下：

・選擇後下，讓棋士A下棋的順序在自己之前，並確認棋士A下的第一子的位

置。

·進入另一個房間，選擇先下第一子，接著依照剛剛棋士A下棋的位置放棋子。

·確認棋士B下一步的下棋位置後，返回棋士A所在的房間，接著依照剛剛棋士B下棋的位置放置棋子。

·以下重複上述的下棋模式。

這樣一來，你一定可以戰勝其中一名職業棋士，當然也會輸給另一名棋士。如此，你既可以贏得比賽，也可以贏得賭局。

什麼是投資組合理論

上節中提到的下棋方法出自席尼・薛爾頓（Sidney Sheldon）的小說《遊戲高手》（*Master of the Game*）。因為非常有趣，我到現在仍記憶猶新。我會提到這個故事，正是因為這就是不改變收益率而使風險減少的方法：「投資組合理論」。

正確來說，投資組合理論應該被稱為「現代投資組合理論」。美國學者哈利・馬可維茲（Harry Max Markowitz）在一九五二年發表的論文〈投資組合選擇〉（Portfolio Selection）中，首次提到這個理論，並於一九九〇年獲得諾貝爾經濟學獎。

Portfolio原本是指裝文件的公事包。在金融學中，指分散投資多種資產來規避風險的行為。也有一種說法叫作「不要把雞蛋放在同一個籃子裡」。

我們回到前面法式料理餐館和拉麵店的商業例子。兩家店的日營業額平均值都是

一間法式料理餐館和兩間拉麵店的營業額變化（單位：萬日圓）

營業日	法式料理餐館	拉麵店（×2）	合計	偏差	偏差^2	變異數	標準差
1	23	38	61	1	1		
2	22	38	60	0	0		
3	22	40	62	2	4		
4	10	48	58	-2	4		
5	30	32	62	2	4		
6	18	42	60	0	0		
7	31	30	61	1	1		
8	26	36	62	2	4		
9	19	42	61	1	1		
10	16	42	58	-2	4	2.00	1.41
11	14	46	60	0	0		
12	20	40	60	0	0		
13	11	50	61	1	1		
14	19	40	59	-1	1		
15	27	34	61	1	1		
16	23	34	57	-3	9		
17	26	34	60	0	0		
18	11	48	59	-1	1		
19	8	50	58	-2	4		
20	24	36	60	0	0		
合計	400	800	1200	40	40	2.00	1.41

二十萬日圓，法式料理餐館的標準差是六．五一萬日圓，拉麵店的標準差為二．九三萬日圓。

現在你決定開設新店，用於投資新店的資金是一．五億日圓，剛好可以開三家。三家店中，拉麵店與法式料理餐館的家數怎樣分配比較合理呢？

如果兩家店的營業利潤率相同，一般認為三家都開風險較低的拉麵店最合理。但是，你無論如何也想要開法式料理餐館。有什麼好辦法可以解決這個問題嗎？

最佳的解決方案就是開一家法式料理餐館，兩家拉麵店。我們來計算一下這種開店組合二十天的營業總額。

日營業額平均值為六十萬日圓，標準差為一．四一，低於三家都是拉麵店時的標準差二．九三。

也就是說，收益（此例中為日營業額的平均值）沒有改變，但風險（標準差）降低了。

為什麼會出現這種現象呢？觀察圖表即可得知，法式料理餐館生意興隆、營業額較高時，拉麵店就生意平平、營業額較低，反過來也是如此。

總之，兩家店營業額此消彼長，你高我低。將兩者組合在一起，日營業額數值的高低就可以相互抵消，接近平均值。

拉麵店和法式料理餐館兩者營業額的離散程度相互抵消，透過這種投資組合，可以降低風

1 間法式料理餐館和 2 間拉麵店的營業額趨勢

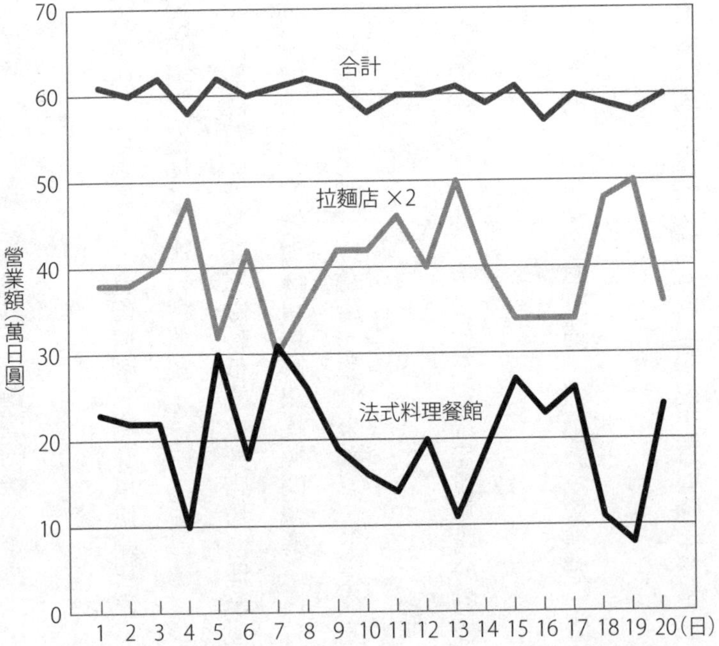

險。另外，只開拉麵店時，不要只開一家店，而是要在幾個地方分別開店（分散投資），這樣也可以降低風險。

與兩位職業棋士對弈，也是透過營造「如果要戰勝一個人，必須輸給另一個人」這種投資組合的形式，才得以規避「戰勝兩位職業棋士」（基本上不可能）和「輸給兩位職業棋士」（可能性最高）這兩種離散程度。

了解投資組合理論之後，我們來觀察商業活動，會發現很多與此相關的細節。同一架飛機的三名飛行員，在起飛之前，不可以吃相同的食物，這也是分散投資的例子。

試著思考計程車行的保險。對於計程車行來說，計程車司機造成的事故屬於商業上的風險。行業法規中要求計程車必須加入任意險，以防發生事故。但是，對於規模很大的計程車行來說，從投資組合理論來看，他們可以考慮不加入任意險。當然這只是一個假設的思想實驗。

因為車行的資產分散投資在數量眾多的計程車和司機身上，根據大數法則，可以控制一年時間內發生事故次數的離散程度。因此，比起車行內所有計程車都花錢購買保險，發生事故時支付的賠償金可能會更低。

期權是規避風險的最強手段

下面介紹另一種規避風險的方法：期權。期權很多時候被歸類為金融商品，讓人有一種它很複雜的印象。其實，我們身邊就存在著很多期權交易。

期權是指「針對某種標的資產，在事先規定好的未來某一特定日期或某一段時間內，按照一定的比率或價格（執行比率、執行價格）交易的權利」。期權交易是指「授予、買賣期權的交易」。

讓我們透過具體的事例來說明。假設你在經常光顧的一家店裡看到了一件很漂亮的大衣。標價十萬日圓，你覺得有一點貴，但還是很想買下來。不巧的是店裡剛好沒有合適的尺寸了，所以你決定向店家「訂購」。

訂購完之後，你在另一家店裡發現一件和剛剛訂購的大衣同樣款式、同樣尺寸的衣服，而且標價只要七萬日圓。你可能會隱藏起自己的些許愧疚感，打電話向剛才那家店取消訂購，買下這件七萬日圓的大衣。

這種「訂購」行為，就可以視為期權交易。期權交易是指支付適當的預約金，如有需要可以取消預約的行為。

金融中所說的「遠期合約」，一旦締結交易合約，就必須執行。而期權交易則可以取消合約。

因為訂購時也可以取消訂單，所以店家希望顧客支付取消費。顧客可能會因為一時衝動放棄購買訂購的大衣，商店卻是必須將大衣賣給客人。顧客擁有購買的權利也擁有不購買的權利，而店家則只有出售的義務。這是不平等的，所以顧客本來就必須提前支付適當的預約金。

期權交易被廣泛運用於股票、外匯、債券等各種金融交易中。假設你購買了一百日圓的A股票，之後股價可能會上漲而使你受益，也可能會下跌而使你蒙受損失。

因此，如果提前購買了「任何時候都可以將A股票以一百日圓價格賣出的權利」，你就可以安心投資了。這份安心費就是你提前支付的期權價格，我們稱之為權利金。期權可以說是「為應對萬一會發生的不好事情所做的準備」。

當我們無法像投資組合那樣同時分散投資多項資產時，期權交易就是非常有效的避險手段。手頭上只有五千萬日圓資金，無論如何也想要嘗試經營法式料理餐館。但日營業額低於十萬日圓就會產生虧損，你想要避開這種情況。

這時，如果能夠購買「當日營業額低於十萬日圓時，可以收到額外的款項彌補虧損的權利」，你就可以安心經營法式料理餐館了。

那麼，期權的價格（權利金）是如何決定的呢？

確定期權價值的簡易方法

雖然期權的價值可以由期權定價模型公式推導求出，但即使不使用這麼複雜的工具，我們也可以基本理解。

有一檔股票，現在的交易價格為一百日圓，一年後股價或為一百二十日圓或為八十日圓，只有這兩種情況。我們來試著思考這個簡單的二項式模型。

如果你擁有兩個單位（兩股）「一年後，以一百日圓購買這檔股票的權利（看漲期權）」，你會要價多少呢？

我們來整理一下你賣掉這份期權時，所要承擔的風險。

一年之後，股價上升至一百二十日圓時，期權的買方行使購買股票的權利。你必須把兩股股票以每股一百日圓的價格賣給他。按照每股一百二十日圓的市場行情，這兩股股票可以賣二百四十日圓。你以二百日圓的價格賣給期權買方，肯定會損失四十日圓。

一年之後，如果股票下跌至八十日圓，期權買方不會行使期權，那麼你的損益就是零。

因此，你必須規避損失四十日圓的風險。這裡有個好方法。趁現在這檔股票的價格是一百日圓，你先從市場購買一股。一年之後，如果股價變成一百二十日圓，你可以得到二十日圓的利潤，如果股價變為八十日圓，你就會損失二十日圓。

我們將剛才計算的期權的損益和購買一股股票造成的損益合起來計算。股價為一百二十日圓時，期權損失四十日圓，購買股票獲利二十日圓，合計損失二十日圓。

股價跌至八十日圓時，期權的損益為零，購買股票損失二十日圓。

兩種情況都會有二十日圓的損失，我們就可以這樣想：一年之後，無論股價是上漲還是下跌，期權和股票合計損益的結果是固定的，都是「損失二十日圓」。

總之，今天購買股票，就可以消除一年後現金流量的離散程度。也就是說，可以規避風險。如上所述，為了規避期權交易的風險而買賣股票的行為，稱作「風險對沖」。

經過上述思考，應該就會知道「一年後以一百日圓購買這檔股票的權利，兩個單位的權利售價是多少」。沒錯，是二十日圓。

因為一年後一定會出現二十日圓的損失，如果可以收取二十日圓的權利金，你的損益就是零。

影響期權價格最大的因素就是一年之後股價的離散程度。在剛才的例子中，我們是將股價設定為一百二十日圓或八十日圓進行計算，如果一年之後股價上漲至兩百日圓或下跌至五十日圓，就必須提高期權價格，否則就太划不來了。在期權術語中，這一年間股價的離散程度稱為「波動率」（volatility）。

期權交易示例

		A	B	A＋B
今日股價	一年後的股價	期權的損益	股票的損益	合計損益
	120	-40	20	-20
100				
	80	0	-20	-20

優良企業和問題公司，哪家的股票期權更划算

日本也實行股票期權制度。股票期權制度，是指授予公司員工按照提前確定的價格購買自家公司股票權利的一種制度，它是激發公司員工動力的一種手段。

例如，假設現在股價為一百日圓，你此時獲得了將來可以用一百日圓購買一萬股自家公司股票的權利。這項權利雖然現在不會產生任何收益，但股價如果上漲到兩百日圓，你行使權利，以每股一百日圓的價格購買一萬股股票，再以每股兩百日圓的價格拋售，就可以獲得一百萬日圓的收益。

此時，希望大家思考這樣一個問題：優良企業和問題公司的股票期權，哪個收益更大？

你和朋友分別在兩家不同的企業工作。朋友公司的業績非常好，股價也在近三年內逐年上漲。

而你上班的公司前幾年狀況還不錯，兩年前因為和競爭對手爭奪市占率落敗，業

績正處於下滑階段。公司準備擴大海外市場，但目前還看不到成果。一年前，公司股價跌了一半，今後是漲是跌無法確定。

在這種情況下，你們兩個人都獲得了股票期權，哪家公司的股票期權更有魅力呢？

可能對你來說，會覺得朋友手上的股票期權更有魅力。因為客觀來看，朋友公司的股票價格上漲的可能性，要大於自家公司股價上漲的可能性。

但是，如果要買賣股票期權，自家公司的股票期權的價格會更高。

我們可以這樣思考。假設現在兩家公司的股價都是一百日圓。設定一年之後股價的離散程度，自家公司的股價是一百三十日圓或三十日圓，朋友公司的股價是一百三十日圓或九十日圓。兩個人獲得的股票期權都是一年之後以一百日圓購買一萬股所屬公司的股票權利。

想要實現「無論股價如何變化，現金流量都不會出現離散程度」這個目的，你應該購買哪種金融商品、又應該購買多少呢？

因為這一次兩人都是期權的買方，所以股價上漲時會獲得收益，下跌時就沒有收益。因此，為了消除收益的離散程度，只要現在將股票賣空就可以了。賣空是指將從某處借來的股票在市場上賣掉，之後再買入股票還回去的行為。

朋友如果賣掉〇．七五股，一年之後無論股價如何變化，都可以獲得七．五日圓的收益。而你可以賣掉〇．三股，一年之後無論股價如何變化，都一定可以獲得二十一日圓的收益。

我們只驗算你的情況。如果股價上漲至一百三十日圓，你行使期權，獲得每股三十日圓的收益。然後買進〇．三股，即花費三十九日圓。賣空時收益三十日圓，所以損失九日圓，和行使期權獲得的三十日圓收益相加，最終收益為二十一日圓。

當股價跌至三十日圓時，你不行使期權，從市場買進〇．三股還回去，花費九日圓。賣空的時候收益三十日圓，減去九日圓，還剩下二十一日圓的收益。

直覺上可能會覺得不可思議，公司股價下跌幅度較大，結果股票期權的收益也較大。

原因就是，股票期權的價值來自於股價的離散程度（波動率）。和公司的股價預計會不會上漲沒有關係。

換個角度想，如果朋友公司的股價確定會上漲，誰還會特意花錢買期權呢？現在立刻花一百日圓去買股票，等著一年後股票漲到一百三十日圓就好了。如果像你的公司，股價可能會急遽跌至三十日圓，有離散度的股票，作為期權的價值才會變高。問題公司的期權比

朋友公司的股票期權

		出售股份數	0.75	
		A	B	A＋B
今日股價	一年後的股價	期權的損益	股票的損益	合計損益
	130	30	-22.5	7.5
100				
	90	0	7.5	7.5

自家公司的股票期權

		出售股份數	0.3	
		A	B	A＋B
今日股價	一年後的股價	期權的損益	股票的損益	合計損益
	130	30	-9	21
100				
	30	0	21	21

優良企業的期權更有價值。

愈繞道愈有價值

前文中曾提到，和股價變動相關的離散程度叫作波動率。要格外注意對離散程度所指的內容產生誤解，我們來看看以下三檔股票的變動情況，請問哪一支股票的離散程度（波動率）最大呢？

A股票從一百日圓上漲至兩百日圓。

B股票在一百日圓間幾乎沒有變動。

C股票曾經從一百日圓上漲至兩百日圓，但後來跌回一百日圓。

A股票價格翻了一倍，變動幅度最大。與之相比，B、C兩檔股票的價格都回到了最初的一百日圓。因此，A股票的離散程度最大。

你可能會做出上述判斷，但這並不是正確答案。離散程度最大的是C股票，A股票和B股票一樣，離散程度為零。

離散程度並不是股票變動的差價，而是指在一定時間內，每日收益和平均收益的差距。

A股票每天的上漲率是一定的，平均收益和單日收益的差為零。每天以百分之一的速度規律上漲的股票，明天應該也會上漲百分

三支股票中C股票的離散程度最大

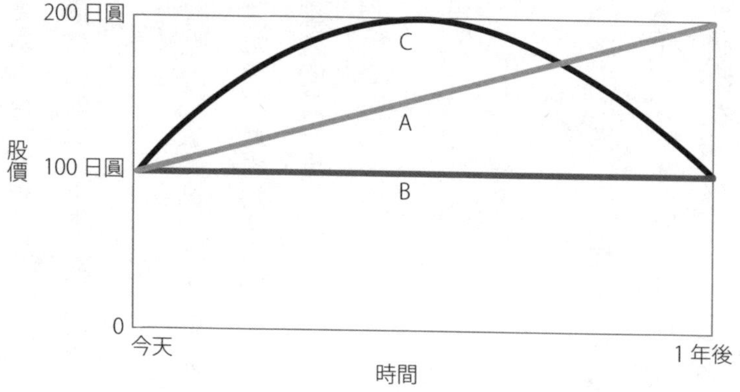

之一。因為很容易預想到明天的情況，股票的風險（離散程度）就會減少。

C股票雖然最終跌回最初的一百日圓，但它每天的價格波動上上下下，和平均值的離散程度很大。

風險、離散程度、波動率的大小，意味著從起點到終點，繞了多遠的路。從起點到終點，以最短距離（也就是直線）運動的股票，風險為零。此處再次重申，股票價格變化的大小和風險無關，風險不是結果，我們要重視的是過程。

保險都是期權

我們身邊有各種各樣的保險商品。基本上，這些保險商品都是一種期權。因為癌症保險、醫療保險、死亡保險，全部都是在「萬一」發生不好的事情時，保險公司支付給我們的補償。當然，高爾夫的一桿進洞險可能是個例外。

發生在我們自己身上的不幸，很多時候沒辦法透過分散投資來規避。因為我們的身體只有一個。好不容易買下一棟房子，發生火災的風險也不能夠透過購買一百棟房子來分散。因此我們只好加入保險。不過，該如何判斷購買了這個保險是正確的決定呢？

例如，你購買了火災保險，如果房子著火燒光，你會覺得「幸好有保險」。但如果你購買了保險，結果一輩子都平安無事，沒有發生火災，你會認為「購買保險真是虧了」嗎？

答案是否定的。即使房子平安無事，也是「幸好有保險」。因為保險這種期權的目的，是無論最糟糕的情況發生與否，都要規避現金流量損失的不確定性。如果可以使現金流量穩定，購買保險的目的就達到了。

如果要說加入了什麼保險是吃虧的話，應該就是加入超過現金流量安定化所需的保險。以醫療險為例，如果買了住院時可補償住院費的保險，就可以使支付住院費時產生的現金流量維持穩定。如果再加入其他帶有特殊協議的保險，實際上和「賭自己會生病的投機」是一樣的。

為什麼不動產的保證金是百分之十

在不動產交易中有付保證金的習慣。簽訂房屋買賣合約時，買方會提前支付給賣方一部分款項作為保證金。房屋順利交屋時，再向賣方繳納剩餘全額。買方想要解除合約，只需放棄保證金就可以了。

保證金能否想成是期權交易中的權利金呢？什麼情況下買方會放棄保證金呢？首先，當你找到另一間房屋，它和你已經支付了保證金的房屋完全相同，但價格更便宜，且價差大於保證金。這時你就可以放棄保證金。當然，因為房屋的差異性很強，可能沒辦法找到相同的房屋，我們在這裡只是假定可以找到。

這樣一來，期權的價值由房屋市場行情的波動率決定。經濟泡沫破裂時，房屋價格急遽下降，應該有很多買方放棄保證金的案例。

另外，期權的價值還受到支付保證金到房屋交屋期間長短的影響。通常情況下，這段時間愈長，期權的價值愈高。因此，如果保證金的金額相等，支付保證金到房屋交屋這段時間愈長也就愈划算。

因此，任何房屋的保證金都是房價的百分之十這個習慣，理論上來講並不合理。現在開始準備建造的房屋，支付保證金後一年以上才能過戶。在這麼長的時間內，房屋的市場行情可能會有大的變動。如果行情大幅下跌，我們可以放棄保證金，去買同等水準的更便宜房屋。

購買二手屋時，從繳保證金到過戶有時只花一個星期。這段時間裡，房屋的市場行情基本上不可能會發生大變動，作為權利金的保證金少一點應該也沒關係。因為風險和時間的平方根成比例，一年時間的保證金，必須是一個月的保證金乘上十二的平方根，也就是約為原本保證金的三．五倍。

保證金和期權交易有一點不同。那就是在過戶的時候，須支付的金額會扣除保證金。在通常的期權交易中，無論是否行使權利，之前交易時支付的權利金都不會返還。

這樣看來，保證金制度似乎對買方有利。特別是交屋時間較長的情況。賣方為什麼會願意這樣交易呢？其實，別忘了賣方也有保證金制度。賣方和買方一樣擁有解除合約的權利，只需要支付給買方雙倍的保證金。

如果房價大漲，賣方可以支付給買方雙倍保證金，解除合約，然後用更高的價格賣給其他買家。可以說，支付保證金的習慣，是買賣雙方互相買賣期權的一種特殊交易。

第七章

螞蟻和蟋蟀，誰的人生過得比較好

——繞道的價值

作為投資對象的商品、股票以及商業行為的貨幣價值，是基於現金流量得出的。這是本書反覆強調的內容，也是金融理論的基礎。

而人的貨幣價值，也可以透過這個人將來能賺取的現金流量來計算。正如本書所說的，世界上始終只有貨幣價值，而沒有個人的存在價值。

即便如此，可能還是會有人對於以現金流量計算人的價值這種事感到不舒服。如果你覺得「這是在說有錢人了不起嗎」，那就是誤會了。

我們不妨試著這樣想。人的價值，不是由他擁有的現金總額決定的，而是由他創造現金流量的能力大小決定的。無論是以何種形式，無論在企業或國家的經濟活動中承擔何種責任，能夠透過投資、消費以及工作持續創造現金流量的能力，才是最重要的。

特別是年輕人，他們首先必須掌握的是賺錢的能力，而不是存錢的能力。只擁有錢的人，會成為別人嫉妒的對象，未必會成為別人尊敬的對象。人們尊敬、羨慕的是一個人擁有創造現金流量的能力，而不是他擁有的金錢。

現金不會產生價值

Cash，是指現金或存款，比起缺錢，錢自然是愈多愈好。所以，人們會為了金錢而工作、節約、存錢，也會有人為了獲得金錢而犯罪。

但是，現金本身不會產生任何價值。如果地球上的人類、國家、企業，只是在一直積存現金，而不使用它、周轉它，情況會如何呢？經濟會停滯，世界經濟也會停止變化。

現金就像是血液。血液只有在體內流動才有意義，才能維持生命。所以現金必須有「流量」。如果血液在身體的某一處堵塞不動，用不了多久，人就會死亡。如果現金也在某處停滯不動，將會給經濟帶來惡劣的影響。

無論是過去還是現在，我們總能聽到關於藝人破產或是身負巨額債務的新聞。他們之中有些人是遭到詐騙，有些人是自身的問題，原因各式各樣。但是，其中也有很多人專心賺錢，最終還清了巨額債務。

以下可能是我的獨斷：當我看到破產的藝人召開記者會時，雖然覺得他們勇氣可嘉，但和事情的重大程度相比，我更關注他們的精神狀態和形象，他們並不消沉。他們暗中應該也是這樣想的：「錢再賺就好了。」

即使破產，手頭的資產都沒有了，只要他們還擁有創造現金流量的能力，就沒有問題。他們之中可能也有些人會因為借錢而激發工作的積極性。我認為，藝人最害怕的事情並不是借錢，而是被遺忘，被世人遺忘一定比欠錢恐怖得多。

人、物、錢，這樣排序的含義

你可能會感到非常意外，在金融世界裡，大家把人的價值看得很重。

「人、物、錢」經常作為企業經營的三要素被提出來。那麼，為什麼是「人、物、錢」這樣的順序呢？

我們來看一下企業的資產負債表。右側是從投資方籌集來的資金，左側為資產，欄位中記載著用收集來的資金買了什麼東西。

我們重點看一下資產類。資產按照現金、應收帳款、存貨、工廠、設備、土地的順序排列。反映的是資產變現的難易程度，能夠用來判斷公司財務的健全性。

與之相對，金融理論中，企業的價值是資產產生的現金流量的價值。因此從金融理論的角度來看，會計上的資產順序是從上至下，排序在上的資

企業價值評估架構

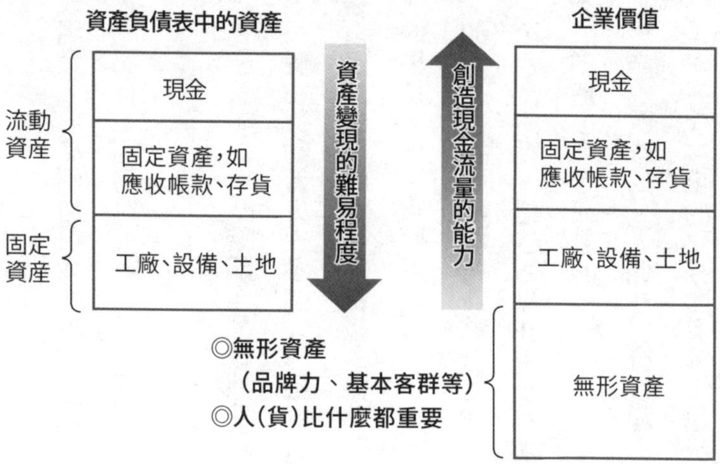

產創造現金流量的能力愈強。

現金不能產生現金流量，應收帳款也只能變成現金，無法創造現金流量。工廠、設備等固定資產，它們自身就可以創造現金流量。而且，能夠比工廠、設備等創造更多現金流量的，是人。

你是否還記得卓別林的電影《摩登時代》（*Modern Times*）？這部作品猛烈地諷刺了資本主義和機械文明，用幽默的方式表現了一個「勞動者失去了個人尊嚴，成為機械的一部分」這樣的世界。卓別林被迫體驗自動餵飯機的場景、被捲入齒輪的場景，最後一幕卓別林和女主角牽手走在馬路上的場景，都非常有名。

在這部電影中，卓別林想要表達的難道不是「世界上不能只有機器，人才是重要的」這個觀點嗎？馬克思的勞動價值理論也說明了這個觀點。這些觀點在現在看來依然是真理。如果沒有人的手，工廠的機器是不能創造出現金流量的。

豐田汽車的工廠，是沒有辦法不依靠人力自動生產出汽車的。人們在運行管理上頗下了一番工夫，豐田的看板管理就是代表案例。新一代汽車的研究開發等，也不是電腦獨立進行的。

總之，最具現金流量創造能力的是人。人、物、錢的順序，是按照現金流量創造力的強弱排列的。

教育投資是高效率的

人是能夠創造現金流量的重要資產，所以對人的「投資」報酬率很高。

我們試將對人的投資和對新工廠的投資稍作比較。假設在員工教育和工廠建設的投資上，各投入一億日圓。

如果員工透過教育學到的知識和技能能夠順利運用在工作中，就可以創造更多的現金流量。在會計上，資產負債表中並沒有「人」這一項，所以這一億日圓全部記入費用項目中，在稅務上屬於損失金額，如果是盈利企業，會產生節稅效果。

如果工廠順利運轉，也會產生現金流量。但是，對工廠的建設投資，在資產負債表中只是將「現金」資產轉變為「工廠」這項固定資產，達不到節稅效果，只能利用折舊進行調整。另外，工廠會老化，所以後續必須追加投資與進行維修。

這樣一比較，我們就可以知道，用於員工教育投資的那一億日圓效率更高。但是，二〇〇八年世界金融危機之後，有不少企業最先削減掉的是教育培訓費。雖然政府宣傳「人是重要的資產」，但許多經營者還是認為「公司都處於危機中了，哪是進行培訓的時候」。

不過，如果只是硬逼著沒有幹勁的員工進行培訓，確實是白費工夫。如果無法使員工「將透過教育學到的知識和技能順利運用在工作中」，現金流量就不會增加。即使參加了培訓，如果不加以複習鞏固，馬上就會忘記學到的知識，所以「追加投資與進行維修」其實也是重要的。

經營者們削減教育培訓費的真正心聲，可能是「我們不需要沒用的員工」。

現金中附帶著借款利息

前文曾提到，現金無法創造價值。不但無法創造價值，如果不能有效地使用金錢，還會事與願違，不斷產生看不見的利息。

企業為了擴大經營，會支付一定的資金成本（利息），從投資方籌措資金。我們假設須支付的存款利息是百分之十。

我們利用籌措來的資金建設工廠、研究開發、投入生產，進行各種營運，以創造出現金流量。但是，如果把一部分籌措來的資金以現金的形式放置一旁，會發生什麼事呢？那些錢只是現金而已，沒有辦法創造現金流量，所以也就沒有辦法產生投資方要求的百分之十的收益。

如果擁有一百億日圓的現金，明明需要創造出十億日圓的現金流量，實際卻連一日圓都創造不出來，企業的價值就會下跌十億日圓。

存摺裡極為重視的存款、藏在地板下的現金，你擁有的這些錢都承受著非常高的資金成本。

父母給孩子零用錢，並不是希望他們把錢存起來，而是希望他們可以有效利用那些錢。我並不是說要用這些錢買參考書，而是可以去旅行，也可以買自己喜歡的衣服。家長是希望孩子們可以用這些錢給自己帶來更好的經歷，或是對自己進行投資。

人生也是一樣。我們所有人能夠活在當下，都是多虧了曾經有各式各樣的人對他們自己進行了投資。

例如，假設你是一個農民，如果沒有前人的開山造田，你現在可能就無法以經營農業作為家業。

許多人直接或間接地對你進行了投資，為了回報這些人，你有義務有效地利用自己擁有的資產。生活必需以及為了以防萬一準備的存款是絕對有必要的，但除此之外的現金只能歸類為閒置資產。

為了提高自己的價值，我們不要讓手頭的現金停滯不動，應該永遠意識到要用這些錢對自己進行更好的投資。

現金在你擁有的瞬間就開始腐爛了

存進存摺裡的現金是不會流動的，它們如同一潭死水，馬上就會腐臭。今天的一百萬日圓，到了明天可能只有九十萬日圓的價值。

利率（折現率）存在的原因之一，就是借出金錢一方的信用風險。但是正如本書第三章說過的，平均預期壽命與此有很大關係。

人們關於金錢的效用，受到個人健康狀況、年齡、生活方式等因素的影響。對健康活潑、興趣廣泛的人來說，金錢的效用隨年齡增加而減少的幅度可能較小，但終究是減少的。

我認為三十多歲的時候可能是效用的高峰。人超過三十歲，可能會更重視當下。

自然，我們並不能抹去對晚年生活的不安，也不知道能拿到多少退休金。但也不能因此犧牲自己現在想要做的事情、現在應該做的事情，一心一意為晚年生活做準備。

最重要的是，保持身體健康，努力提升個人能力，使自己擁有創造現金流量的能力和享受經歷的能力愈長愈好。

新說：螞蟻和蟋蟀

大家都知道《伊索寓言》中「螞蟻和蟋蟀」的故事。夏天，螞蟻們儲備過冬的糧食，專心工作，毫不懈怠。而蟋蟀瞧不起辛勤工作的螞蟻，興致勃勃地拉著小提琴唱著歌。終於冬天來了，蟋蟀發現自己找不到食物，於是慌慌張張找到螞蟻，祈求螞蟻分一些食物給牠，但螞蟻卻拒絕了，說：「既然你夏天時唱歌，那冬天就跳舞怎麼樣？」最終，蟋蟀餓死了。

這個故事結局有些殘酷，所以也有人將故事改為，最後螞蟻施捨食物給蟋蟀，並勸戒蟋蟀改掉只顧一時行樂的生活方式，以此為契機，蟋蟀洗心革面，從此認真工作。

一九三四年，當政的美國總統羅斯福（Franklin Delano Roosevelt）實行新政，逐步導入社會保險制度。出於政治上的考量，華特·迪士尼（Walt Disney）製作的短篇電影將結局改編為螞蟻把食物分給了蟋蟀，蟋蟀為螞蟻演奏小提琴作為回報。

這個寓言故事有兩層含義。第一層含義是，如果像蟋蟀一樣疏於為未來做準備，會落入非常困苦的境地，所以要像螞蟻一樣，常常考慮到將來會發生的危機，提前做好準備。

第二層含義是，像螞蟻一樣只考慮儲存糧食的人，他們看到窮困者即將餓死也不會伸出援手，心胸非常狹窄。

蟋蟀的人生真的是毫無計畫、只顧一時行樂嗎？雖然螞蟻批評牠不工作，只顧享樂，每天拉琴唱歌，但我希望大家可以認真想一想。

討論寓言故事的時候，提到實際自然界中的蟋蟀可能有些離題，但我還是打算說明一下。

蟋蟀成蟲的生命平均只有兩個月左右。最晚到十一月，所有的蟋蟀就會走向死亡。老化後的成蟲跗節壞死，失去了在地面爬行的能力，完成繁殖的成蟲在過冬之前就會結束生命。

而蟋蟀的幼蟲在地下孵化後，爬出地面，以植物為食。隨著身體不斷成長，開始捕食蝴蝶幼蟲。食物不夠時，牠們還會同類相食。如果不攝入動物性蛋白質，幼蟲就不能順利成長，雌性幼蟲將來產卵時也會有障礙。蟋蟀幼蟲對於入侵自己領地的敵人絕不容忍，會主動發起攻擊，甚至捕食入侵者。

假設蟋蟀一生的高峰是成蟲時期，為了使高峰效用最大化，幼蟲時期就應該貪婪地攝取蛋白質，對自己進行投資。

相對於蟋蟀，螞蟻的情況又如何呢？螞蟻夏天收集食物作為存糧得以過冬，即使到了春天，牠們應該也還是會繼續為了過冬存糧。工蟻所有的時間都在工作。即便能夠成功過冬，工蟻的壽命最多也只有兩年，隔年春天就不會再睜開眼睛。如果用人來比喻，有些人為了晚年生活拚命工作，努力存錢，在不停存錢中迎來死亡，這種人就和工蟻一樣。

我們先不談工蟻如何，人如果變得和工蟻一樣是非常可悲的。人為什麼會選擇這樣的生活呢？因為我們的壽命具有不確定性。如果我們像蟋蟀的成蟲一樣，兩個星期就享盡天年，未必會選擇這樣的生活。

生前贈與勝過遺產繼承

我們沒有必要對未來的不確定性反應過度。雖然不知道具體時間，但人一定會迎來衰老和死亡。重要的是，我們要充分認識到自己人生每個階段應該做什麼、做什麼效用最高，然後最大限度地活在當下。

我希望你能夠在年輕的時候最大限度地投資自己，三、四十歲時使現金流量最大化，在保證自己年老有充足資金生活的基礎上，為社會、為後人，把剩下的金錢進行投資。

我在和企業家聊天的時候，會談到「什麼時候把位置傳給下一代」這個話題，換言之，就是公司繼承問題。有些企業家會激動地說：「只要我活著就不會讓兒子接手公司」，但某個成功經營家族企業的企業家卻明確表明：「兒子繼承公司要愈早愈好」。在兒子魄力、體力充沛的時候交接，更有利於提高公司的價值。如果有人提問「選擇遺產繼承還是生前贈與」，我的建議是「生前贈與」。

不會背叛的財產只有你自己

有些人很憧憬投資房地產的謀生方式。他們想著：「我不想流汗工作，我想透過房地產賺錢，這樣就可以將時間花在自己的興趣上了。」所以房地產投資秘笈類的書籍，往往被擺放在書店最顯眼的位置，投資講座也是座無虛席。並且，參加講座的不只是老年人，還有許多年輕人。

只依靠投資房地產生活究竟是對是錯，我們在此不多評價，但如果所有的日本人都抱著這種想法，會出現何種後果呢？漸漸地，沒有人會用薪資來支付房租，不動產價格於是暴跌，非但無法獲得被動收入，還會落得滿身債務。

我們來看看只依靠被動收入生活的人，他們的資產負債表中「資產」一欄的內容是什麼。在他們的資產負債表中，創造現金流量的資產只有用於投資的房地產，他們自己和現金一樣，都變成了閒置資產。而他們擁有的房地產是可轉讓資產，只要出錢就可以購買，也可以出售。

房地產不知何時會離開你。不會背叛的財產只有你自己。

「唯吾知足」的教誨

人們一直相信，如果自己變成有錢人，應該就會擁有幸福的人生。但是，對於現在還沒有錢的人來說，沒有辦法想像變成有錢人時感受到的滿足程度（經驗效用）。在現在這個時間點，我們只能依靠過去經歷的記憶判斷、推測未來的經驗效用。

康納曼將我們實際感受到的快感與不快稱作「經驗效用」，將我們經歷過後殘存在記憶中的快感與不快稱作「記憶效用」。他將兩者明確定義為完全不同的事物。我們感受記憶效用的方法，受到經歷過的最大的快感與不快的影響（稱作「峰終定律」）。因此，年少時期生活貧困的人，受到幼時最不愉快的記憶的影響，會高估自己「將來成為有錢人時感受到的滿足感」。

為了成為有錢人，他們會比別人付出更多的努力來工作、學習，年少貧困的經歷會成為動力。但如果太過努力，就會喚醒自己內心對於金錢的異常執著，扭曲自己的人生目標。

人具有適應能力，即使陷入不幸的事件或狀況，經過一段時間後，也可以從容應對。假設某一天，你中了彩券頭獎，一夜之間變成有錢人，這種幸福感也不會永遠持續下去。你馬上就會習慣這種狀態。

結果，你會不滿足自己只是「小有資產」的狀態，希望可以獲得更多金錢。如果透過健康的經濟活動穩定地實現這個目標，自然沒有問題，但人們往往逞強，去承擔超過自己可承受範圍的風險，結果甚至會導向自我毀滅。

京都的龍安寺有一個刻著「唯吾知足」字樣的洗手池。讀作「われ（ware）ただ（tada）たる（taru）しる（siru）」。「這些已經足夠了」「我已經吃飽了」，我們應該保有這種餘裕的心境。

「唯吾知足」是釋迦牟尼佛的教義。可以解釋為「懂得滿足的人，心情平靜；不懂得滿足的人，心緒不寧」。現代日本人很難理解「唯吾知足」這句話。因為很難理解，所以我們才更應該側耳傾聽。

所謂貧窮的人，並不是那些一無所有的人，而是雖然擁有很多，卻還想要更多，永遠無法滿足的人。千利休常常提到茶道的心得，即「屋，能遮風避雨；食，能飽腹；足矣」。只準備必要的物品和數量，茶沏好後，先供奉神明，然後為客人沏茶、獻茶，最後才是自己品茶，這種利他精神就是我們自己的幸福，「自利利他」的心態是非常重要的。

我希望，當人們確保自己某種程度的財務自由時，就能感到十分滿足。貪得無厭地追逐金錢，意味著你已成為金錢的奴隸。我們獲得金錢的目的，是為了擺脫金錢的束縛，獲得自由。

享受人生的風險

本書曾提到，應該降低風險。因為當我們利用現金流量得出物品的價值時，風險愈低，價值愈高。從經濟合理性的角度考慮，商業活動和投資對象的風險愈低愈好。

那麼，在我們的人生中，是否也應該規避風險呢？被問到「你想要波瀾萬丈的人生嗎」，任何人都會猶豫。因為人會盡可能尋求安定的生活。

但是，每天都反覆經歷相同的事情、沒有任何風險的生活就是充實的人生嗎？我很難就人生和風險的關係給出唯一的定義，但如果不怕誤解，我會說，存在某種程度的風險，我們的人生才會更加充實。

人生的價值和期權一樣，都是由起點（出生時）到終點（死亡時）期間繞了多少遠路決定的。為了在有限的生命中盡情享受人生，我們要承擔風險，走過生命中的高峰和低谷，這樣才能品味到超越壽命的人生。

當然，不能去冒致命的風險。我們應該在慎重管理風險的同時，活出更好的人生。幸運的是，只要我們生活在日本，就可以享受保障生命和最低限度生活的安全網。我們有國民年金、充實的社會基礎設施，這就像是擁有了期權一樣。

如果國民僅依靠非勞動所得生活，國家就會崩潰；同樣，如果人們不承擔風險，國家就只能靠國債利息獲得收益，也會走向滅亡。沒有風險，就沒有發展。

「少年啊，要胸懷大志。」我認為，這份大志就是勇敢挑戰不確定性的精神。但是，我是現實主義者，不推薦大家魯莽承擔人生的風險。而是希望大家可以掌握本書中提到的提高價值、控制風險的技巧，並且活用它。

後記

我從學校畢業、步入社會，先是進入日本的銀行，又轉戰外資銀行，現在自己創業經營公司，一直都在從事金融類工作，也都和金錢有關。

因為工作需要，我學習、運用金融理論、機率論和統計學。閱讀了大量金融學和經濟學的書籍和論文，也學習了風險管理和行為經濟學。

每一天，我在處理和金錢相關的工作、接觸和金錢相關的理論和研究時，都會很在意如何讓更多的人：普通的企業職員、社會人士，也可以了解金融的世界。

序言中我提到，雖然不存在和金錢毫無關係的人，但也不能說我們在金錢方面是很有智慧的。金錢是非常方便的工具，同時，它也是非常危險的東西，我們在使用時必須加以注意。

幸運的是，關於金錢的理論、研究和方法，已經有了極大的發展。但是，很多知識只有金融界的專業人士在使用。

我們從猿猴進化為人，辛辛苦苦獲得的理論、方法究竟是什麼，又有什麼價值，這些知識必須由專業人士傳遞給更多的人知曉。

實際上，關於金融的書籍非常多，其中也有很多好作品。但是好的作品也比較艱深，並不是任何人都可以輕易看懂。另一方面，以普通讀者為對象的金融類啟蒙書籍也有許多，雖然其中亦有很多好作品，但過於追求通俗易懂，只介紹了廣大金融理論的一小部分，沒能展示金融界的全貌。

金融理論、機率論、統計學、行為經濟學等關於金錢的理論、方法究竟有什麼意義？它們彼此間有什麼關係？難道就沒有一本可以展示金融界全貌、簡潔明瞭且通俗易懂的書嗎？我抱著這種想法，開始執筆寫作本書。

在這個過程中，日經ＢＰ社（Nikkei Business Publications, Inc.）的谷島宣之先生給我提供了許多建議，彌補了我文筆上的不足。同時，我還得到了小林英樹先生關於出版的各種建議。

此外，在寫作本書時，我還在日經商業線上開設專欄，連載「野口真人的日常經濟學：輕鬆的經濟學建議」。本書第二章的內容，就是由專欄中的《三分鐘知曉自家房屋「合適價格」的方法》一文潤飾修改而成的。

與本書內容有關的一些日常案例，如果讀者想要了解更加詳細的說明，可以去看一看我的專欄。我也希望能夠在專欄上解答各位提出的問題。

如果讀者們在閱讀本書後，對金融產生興趣，希望大家可以觸類旁通，閱讀更多更好的作品，繼續學習關於金錢的知識。我會將寫作過程中的參考書籍列表附於書後，供大家參考。

參考文獻

■《風險之書：看人類如何探索、衡量，進而戰勝風險》，彼得・伯恩斯坦（商業周刊）

■《快思慢想》，康納曼（天下文化）

■《ダニエル・カーネマン心理と経済を語る》，ダニエル・カーネマン著（楽工社）

■《Financial Economics》（2nd Edition），Zvi Bodie, Robert Merton, David Cleeton (Prentice Hall)

■《The Theory That Would Not Die: How Bayes' Rule Cracked the Enigma Code, Hunted Down Russian Submarines》, and Emerged Triumphant from Two Centuries of

Controversy, Sharon Bertsch McGrayne（Yale University Press）
■《黑天鵝效應》，納西姆・尼可拉斯・塔雷伯（大塊文化）
■《Hedge Fund Masters: How Top Hedge Fund Traders Set Goals, Overcome Barriers, And Achieve Peak Performance》, Ari Kiev（Wiley）
■《ビジネスマンのための金融工学　リスクとヘッジの正しい考え方》，ドージェ・ブローディ（Dorje C. Brody）著（東洋経済新報社）
■《為什麼你沒看見大猩猩？：教你擺脫六大錯覺的操縱》，克里斯・查布利斯、丹尼爾・西蒙斯（天下文化）
■《潛意識正在控制你的行為》，曼羅迪諾（天下文化）
■《聰明學統計的13又½堂課：每個數據背後都有戲，搞懂才能做出正確判斷》，查爾斯・惠倫（先覺）
■《蘋果橘子經濟學》，李維特、杜伯納（大塊文化）
■《Business Exposed: The Naked Truth about What Really Goes on in the World of

Business》, Freek Vermeulen（Pearson Education Canada）

■《雪球：巴菲特傳》，艾莉絲．施洛德（天下文化）

■《有限理性：行為經濟學入門首選！經濟學和心理學的共舞，理解人類真實行為的最佳工具》，友野典男（大牌出版）

■《圖解統計學入門》，小島寬之（易博士）

■《誰說人是理性的！：消費高手與行銷達人都要懂的行為經濟學》，丹．艾瑞利（天下文化）

■《大象時間老鼠時間：有趣的生物體型時間觀》，本川達雄（方智）（已絕版）

金錢智能

讓你聰明用錢的7組關鍵概念

お金はサルを進化させたか　良き人生のための日常経済学

作　　者　野口真人
譯　　者　谷文詩
封面設計　萬勝安
內頁排版　藍天圖物宣字社
責任編輯　王辰元
協力編輯　釀君
校　　對　呂佳真

發 行 人　蘇拾平
總 編 輯　蘇拾平
副總編輯　王辰元
資深主編　夏于翔
主　　編　李明瑾
業　　務　王綬晨、邱紹溢
行　　銷　曾曉玲

出　　版　日出出版
台北市105松山 區復興北路333號11樓之4
電話：（02）2718-2001　傳真：（02）2718-1258

發　　行　大雁文化事業股份有限公司
台北市105松山區復興北路333號11樓之4
24小時傳真服務（02）2718-1258
Email：andbooks@andbooks.com.tw
劃撥帳號：19983379　戶名：大雁文化事業股份有限公司

初版一刷　2020年7月
定　　價　400元
I S B N　978-986-5515-21-8

國家圖書館出版品預行編目(CIP)資料

金錢智能：讓你聰明用錢的7組關鍵概念 /
野口真人著；谷文詩譯 -- 初版. -- 臺北市 :
日出出版 : 大雁文化發行, 2020.07
面；　公分
譯自：お金はサルを進化させたか　良き人生
のための日常経済学
ISBN　978-986-5515-21-8（平裝）

1.財務管理　2.財務金融

494.7　　109009253